中国古代天文历法

韩 霞 编著

中国商业出版社

图书在版编目（CIP）数据

中国古代天文历法／韩霞编著．--北京：中国商
业出版社，2015.10（2024.8 重印）
ISBN 978-7-5044-8564-9

Ⅰ.①中⋯ Ⅱ.①韩⋯ Ⅲ.①古历法-中国 Ⅳ.
①P194.3

中国版本图书馆 CIP 数据核字（2015）第 229235 号

责任编辑：常　松

中国商业出版社出版发行
（www.zgsycb.com 100053　北京广安门内报国寺 1 号）
总编室：010-63180647　编辑室：010-83114579
发行部：010-83120835/8286
新华书店经销
河北吉祥印务有限公司印刷
*
710 毫米×1000 毫米　16 开　12.5 印张　200 千字
2015 年 10 月第 1 版　2024 年 8 月第 4 次印刷
定价：25.00 元
* * * *
（如有印装质量问题可更换）

序　言

　　中国是举世闻名的文明古国,在漫长的历史发展过程中,勤劳智慧的中国人创造了丰富多彩、绚丽多姿的文化。这些经过锤炼和沉淀的古代传统文化,凝聚着华夏各族人民的性格、精神和智慧,是中华民族相互认同的标志和纽带,在人类文化的百花园中摇曳生姿,展现着自己独特的风采,对人类文化的多样性发展做出了巨大贡献。中国传统民俗文化内容广博,风格独特,深深地吸引着世界人民的眼光。

　　正因如此,我们必须按照中央的要求,加强文化建设。2006 年 5 月,时任浙江省委书记的习近平同志就已提出:"文化通过传承为社会进步发挥基础作用,文化会促进或制约经济乃至整个社会的发展。"又说,"文化的力量最终可以转化为物质的力量,文化的软实力最终可以转化为经济的硬实力。"(《浙江文化研究工程成果文库总序》)2013 年他去山东考察时,再次强调:中华民族伟大复兴,需要以中华文化发展繁荣为条件。

　　正因如此,我们应该对中华民族文化进行广阔、全面的检视。我们应该唤醒我们民族的集体记忆,复兴我们民族的伟大精神,发展和繁荣中华民族的优秀文化,为我们民族在强国之路上阔步前行创设先决条件。实现民族文化的复兴,必须传承中华文化的优秀传统。现代的中国人,特别是年轻人,对传统文化十分感兴趣,蕴含感情。但当下也有人对具体典籍、历史事实不甚了解。比如,中国是书法大国,谈起书法,有些人或许只知道些书法大家如王羲之、柳公权等的名字,知道《兰亭集序》

是千古书法珍品,仅此而已。

再如,我们都知道中国是闻名于世的瓷器大国,中国的瓷器令西方人叹为观止,中国也因此获得了"瓷器之国"(英语 china 的另一义即为瓷器)的美誉。然而关于瓷器的由来、形制的演变、纹饰的演化、烧制等瓷器文化的内涵,就知之甚少了。中国还是武术大国,然而国人的武术知识,或许更多来源于一部部精彩的武侠影视作品,对于真正的武术文化,我们也难以窥其堂奥。我国还是崇尚玉文化的国度,我们的祖先发现了这种"温润而有光泽的美石",并赋予了这种冰冷的自然物鲜活的生命力和文化性格,如"君子当温润如玉",女子应"冰清玉洁""守身如玉";"玉有五德",即"仁""义""智""勇""洁";等等。今天,熟悉这些玉文化内涵的国人也为数不多了。

也许正有鉴于此,有忧于此,近年来,已有不少有志之士开始了复兴中国传统文化的努力之路,读经热开始风靡海峡两岸,不少孩童以至成人开始重拾经典,在故纸旧书中品味古人的智慧,发现古文化历久弥新的魅力。电视讲坛里一拨又一拨对古文化的讲述,也吸引着数以万计的人,重新审视古文化的价值。现在放在读者面前的这套"中国传统民俗文化"丛书,也是这一努力的又一体现。我们现在确实应注重研究成果的学术价值和应用价值,充分发挥其认识世界、传承文化、创新理论、资政育人的重要作用。

中国的传统文化内容博大,体系庞杂,该如何下手,如何呈现?这套丛书处理得可谓系统性强,别具匠心。编者分别按物质文化、制度文化、精神文化等方面来分门别类地进行组织编写,例如,在物质文化的层面,就有纺织与印染、中国古代酒具、中国古代农具、中国古代青铜器、中国古代钱币、中国古代木雕、中国古代建筑、中国古代砖瓦、中国古代玉器、中国古代陶器、中国古代漆器、中国古代桥梁等;在精神文化的层面,就有中国古代书法、中国古代绘画、中国古代音乐、中国古代艺术、中国古代篆刻、中国古代家训、中国古代戏曲、中国古代版画等;在制度文化的层面,就有中国古代科举、中国古代官制、中国古代教育、中国古代军队、中国古代法律等。

此外,在历史的发展长河中,中国各行各业还涌现出一大批杰出人物,至今闪耀着夺目的光辉,以启迪后人,示范来者。对此,这套丛书也给予了应有的重视,中国古代名将、中国古代名相、中国古代名帝、中国古代文人、中国古代高僧等,就是这方面的体现。

生活在 21 世纪的我们,或许对古人的生活颇感兴趣,他们的吃穿住用如何,如何过节,如何安排婚丧嫁娶,如何交通出行,孩子如何玩耍等,这些饶有兴趣的内容,这套"中国传统民俗文化"丛书都有所涉猎。如中国古代婚姻、中国古代丧葬、中国古代节日、中国古代民俗、中国古代礼仪、中国古代饮食、中国古代交通、中国古代家具、中国古代玩具等,这些书籍介绍的都是人们颇感兴趣、平时却无从知晓的内容。

在经济生活的层面,这套丛书安排了中国古代农业、中国古代经济、中国古代贸易、中国古代水利、中国古代赋税等内容,足以勾勒出古代人经济生活的主要内容,让今人得以窥见自己祖先的经济生活情状。

在物质遗存方面,这套丛书则选择了中国古镇、中国古代楼阁、中国古代寺庙、中国古代陵墓、中国古塔、中国古代战场、中国古村落、中国古代宫殿、中国古代城墙等内容。相信读罢这些书,喜欢中国古代物质遗存的读者,已经能掌握这一领域的大多数知识了。

除了上述内容外,其实还有很多难以归类却饶有兴趣的内容,如中国古代乞丐这样的社会史内容,也许有助于我们深入了解这些古代社会底层民众的真实生活情状,走出武侠小说家加诸他们身上的虚幻的丐帮色彩,还原他们的本来面目,加深我们对历史真实性的了解。继承和发扬中华民族几千年创造的优秀文化和民族精神是我们责无旁贷的历史责任。

不难看出,单就内容所涵盖的范围广度来说,有物质遗产,有非物质遗产,还有国粹。这套丛书无疑当得起"中国传统文化的百科全书"的美誉。这套丛书还邀约大批相关的专家、教授参与并指导了稿件的编写工作。应当指出的是，这套丛书在写作过程中，既钩稽、爬梳大量古代文化文献典籍，又参照近人与今人的研究成果，将宏观把握与微观考察相结合。在论述、阐释中，既注意重点突出，又着重于论证层次清晰，从多角度、多层面对文化现象与发展加以考察。这套丛书的出版，有助于我们走进古人的世界，了解他们的生活，去回望我们来时的路。学史使人明智，历史的回眸，有助于我们汲取古人的智慧，借历史的明灯，照亮未来的路，为我们中华民族的伟大崛起添砖加瓦。

是为序。

傅璇琮

2014 年 2 月 8 日

前　言

　　在各类自然科学中，天文学是一门发展得最早的古老学科。正如古埃及人通过观察天狼星的升没，判断尼罗河的泛滥时间一样，早在原始社会末期的新石器时代，我国的先人就通过观察北斗七星斗柄的变化和参商星的出没而定出大致的季节。人们在长期的农业和畜牧业生产实践中建立了独具特色的古代天文学系统，并在其后的几千年中不断地发展和完善。

　　中国古代的天文学曾在相当长的一段历史时期内雄踞于世界前列，尤其是在 3 ~13 世纪之间甚至达到了西方所望尘莫及的水平。只是在近代，确切地说是在明末清初(17 世纪中叶)，中国的天文学才开始落伍了。落伍的原因是多方面的，有历史的、现实的，也有内在的、外来的诸多因素。本书旨在弘扬我们伟大祖国在古代天文学领域中所取得的辉煌成就，振奋中华民族的精神和自信心。

　　我们在近代的落伍，是值得痛心的，也是应该好好反思的。中华人民共和国成立以后，我们的天文学进入了一个新的发展时期，天文事业的各个方面都取得了很大进步，我们正在努力缩小和世界先进水平的差距。

战国秦汉时期，基本奠定了我国古天文学的系统，构成了明末以前我国古天文学的轮廓。这本书把天文知识的几个专题，如关于五大行星、二十八宿、分野等都安排在了这个时期；我国古天文学史中有独步世界第一流的古天文学家，他们是所处时代的天文学成就的杰出代表，所以这里通过对自汉以来几位著名天文学家的介绍，力图反映出各个时代的天文历法发展的概貌；我国自古以来就是一个多民族国家，兄弟民族对于天文学的贡献也很值得我们重视，所以又列了专门一节介绍少数民族的天文历法。

　　本书的编撰，既考虑了中国古代天文学的渊源，又重笔铺叙了中国古代天文学在许多方面的精彩篇章。

　　本书语言流畅，深浅有序，不但有可读性，且有些史料，读者随时查阅，很是方便。

目录

第三章 古代历法和历法成就

第四章 丰富多彩的天象纪事

第五章 古代的观天仪器和计时仪器

第六章 中国古代天文学家

中国古代天文历法史论

　　古老的中国天文学从萌芽至今已有五千多年历史，它在我国的历史和文化中占有极其重要的地位。从古人抬头仰望天空那一刻开始，无论是从天象的观测到宇宙起源的探讨，还是从星象的占卜到历法的推算，都凝结了中国古代人民辛勤的汗水。在漫长的岁月中沉淀下来的是中国古代天文学令世人瞩目的辉煌成就，为后人留下了极为宝贵的天象记录史料。中国有世界上最早的太阳黑子记录、最早的日月食记录、最早的彗星记录等。在历法方面，自秦汉以来，中国出现了一百余种古历，实属世界罕见。让我们在历史的长河中向前追溯，去探寻古代天文历法的奥秘。

第一节
中国古代天文历法简史

🌙 中国古代天文学的萌芽

　　远古时代，我们的祖先在集体狩猎和采集的过程中，就对自然界的寒来暑往，月亮的阴晴圆缺，昼夜的变化以及野兽出没的规律和植物成熟的季节有所认识。由于当时生产力发展水平十分低下，人们只能靠采集野果和打猎为生，太阳出来了，人们出去采集食物，狩猎或捕鱼，当夜幕降临时就回到住所休息，躲避猛兽的侵袭。"日出而作，日入而息"生动地反映了当时人们对"日"的概念的认识，人们或是采用"迎日推策"记日，即每天迎着朝阳，翻过记日子的竹片；或是采用"结绳记日"，即过一天在绳子上打一个结的方法记日。对"月"的认识也很自然，在茫茫黑夜之中，人们仰望天穹，比繁星大得多的月亮引起了人们的注意，这不仅是由于它美丽的外貌，而是因为它有从圆到缺，乃至消失的周而复始的月相变化。这种变化十分有规律，于是人们就把圆圆的满月到下一次满月（或者从看不见月亮到下一次看不见月亮）所经历的时间称作月，这种大自然挂出的月历，当然要比结绳记日、迎日推测准确多了。

　　当人类进入农耕社会以后，人们从生产的实践中体会到寒来暑往的季节变化与农作物的播种和收获有着极大关系。只有正确掌握季节时令，才能不误农时，及时耕种，保证丰收。比如，贵州省瑶族只要听到布谷鸟的叫声，就

彩陶上的太阳纹

开始播种；处于原始社会状态的云南省拉祜族，一看到蒿子花开就开始翻地；傈僳族则以山顶积雪的变化来确定农时。但由于物候的变化往往受到气象等异常因素影响，有时提前，有时滞后，不能十分准确地预告季节的变更，因此单凭植物的枯荣、候鸟的迁徙、动物的蛰伏等物候变化推测时间、确定农时，已经远远不能满足生产发展的需要。在长期的劳动生产实践中，古人发现物候与天象的周期变化有着密切联系，人们开始注意观察星象，首先是观测太阳。

1972 年，河南郑州大河村仰韶文化遗址出土的一个彩陶上就绘有太阳纹的图案，中心圆点为红色，四周用褐色彩绘有光芒。据有关专家考证，它绘于五千年以前。

1963 年，山东莒县陵阳河大汶口文化遗址出土了灰色陶尊（通高 62 厘米，口径 29.5 厘米）。有人认为这个符号上部象征太阳，中间象征云气，下部象征五座山峰，山上的云气托出初升的太阳，生动形象地描绘了早晨日出时的壮丽景色。在大汶口遗址东方有座寺崮山，春分时日出的情形就如图案中所表示的那样，这一图案记录了生活在氏族公社的人们对当时的景物和日出的细微观察，因此有人认为这个图案实际上就是最早用来表示日出的象形文字——"旦"。看来这个陶尊是春分时祭祀日出、祈保丰收的礼器，陶尊的年代距今大约有四千五百年。

考古发掘中，考古人员还发现在一些原始社会的文化遗址中，房屋都有一定的方向，氏族墓地上的墓穴的取向也很一致。这说明当时人们已经开始利用天象观测来确定方向，反映了在新石器时代，由于农业、畜牧业发展的需要，天文学已开始萌芽，并有所发展。

知识链接

观象玩占

《观象玩占》，撰者姓名不详。卷首有全天盖天式星图 1 幅，后分别为天、地、日、月、恒星、行星、彗流陨及云气、风角等占验条文。观其文，

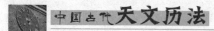

受《乙巳占》影响极大，许多地方均引《乙巳占》和"李淳风曰"等文字，卷首的星图与北宋《新仪象法要》星图和南宋苏州石刻图均不一致，其各恒星的占文比《乙巳占》和《宋史·天文志》都要详尽。书中占验天象记录颇多，但只引至唐末天福（复）二年（902 年），当为唐以后撰成。书中没有引用《开元占经》的文字，恐系撰书时《开元占经》已不可见。《唐书》《宋史》《文献通考》等均未著录，只《明史·艺文志》录有《观象玩占》十卷，不知撰者，或言刘基辑，然现传世之抄本有五十卷，《四库总目提要》中提及各种抄本和刻本。据所见抄本来看，《观象玩占》之作恐在唐宋之间，后人屡有传抄并逐渐加大篇幅，但所引占验天象仅迄于唐，其占文仍保留了较古老的状态，是研究宋之前星占术的资料之一。

中国古代天文学的衰落

我国古代天文学确实达到了当时世界上很高的水平，并为天文学的发展做出了重要贡献，但到明代以后便逐渐衰落下来，其表现有下列四个方面：第一，作为中国古代天文学主要内容的历法工作陷于停顿，明代行用的《大统历》，实际上就是元郭守敬所撰《授时历》，200 多年间，虽有多次预告与天象不符，但也始终没有一次改革。第二，民间学者的天文学研究受到极大压制而沉寂，明初严禁民间私习天文、历法，"习历者遣戍，造历者殊死"，至孝宗弘治年间曾征召民间能通历学者进京备选时，竟无一人前来应征，可见民间天文学活动受到的摧残有多大。第三，明代天文仪器的研制基本上是仿制宋元旧器，没有一件新创仪器，且铸造规模也非常小。第四，明王朝强化封建专制统治，加强对思想意识领域的控制，以科举取士，程朱理学统治了思想界，使科学研究和对宇宙理论的思考受到极大的阻挠，几乎没有一个新的见解问世。

上述情况的出现，除有深刻的社会政治原因外，还有中国古典天文学本身的弱点也不应忽视。几千年来，由于受奴隶制和封建制统治者的利用，官办的中国古典天文学基本上只有两大任务，其一是编历法时，适应农耕和生活之必需；其二是为宫廷星占提供天象依据。完成这两项任务是不难的，节气的时差在一天之内不会延误农时，时间的误差在 10 分钟之内也不会影响正常活动。至于星占的天象依据，只要坚持观测，并及时实事求是上报就可以了。因此，如果没有历代天文学家致力探索宇宙奥秘的精神和精益求精的作风，天文学的发展实在没有更大的动力。当经历了宋元时代的高度发展之后，到明代又受到统治者的各种禁令的阻挠及唯心主义理学的桎梏，古典天文学没有新的任务，丧失了进取的动力，它的停顿和衰退就是必然的。明万历时期，中国封建社会内部开始孕育资本主义的萌芽，要求打破旧的生产关系，发展生产力，希望发展科学技术，此时也正是欧洲宗教改革、文艺复兴的时期。新兴的资产阶级登上历史舞台，代表欧洲封建势力的大批耶稣教传教士东来，给思想桎梏下的中国天文界也带来了欧洲古典天文学知识，这也成了一个刺激因素。在这种新的形势下，中国古典天文学的衰落正是标志着向新的阶段发展的转折点。

知识链接

甘石星经

　　《甘石星经》，又称《星经》或《石氏星经》。甘德和石申是战国时期的人，齐国甘德、魏国石申，亦有说石申为楚人的，他们是当时著名的天文学家，甘德著有天文八卷，石申著有天文星占八卷，现均失传。后人将一些古书中引录的片断重新辑录起来，遂称为《甘石星经》。除以星占条文为主外，各人都记录了一些恒星的名称、方位，互有交叉，故到三国时代天文学家陈卓将甘德、石申、巫咸三家所记的恒星汇总起来，共得全天 283星官、1464 星，并以三种不同的颜色标在星图上。后代人依此绘制星图，制造浑象上的星象，成为古代全天星官名数的定型之数。考甘、石诸家的星名和分布，可见各家所记的星略有不同，可能流通地域也不一样，形成的先后也各有不同。

《星经》中最有意义的一项是最早的一份全天星表，列出了120多个星的赤道坐标，以入宿度（相当于赤经）和去极度（赤纬的余角）表示，系来自《开元占经》的引录。这一星表中有不少数据是战国时期的测量结果，表明石申已利用了测角仪器在赤道坐标系统中进行了天体位置测量，这一成果表明了我国战国时代的天文学水平和仪器制造水平，这一星表也是世界上最早的。

中国古历的沿革

早在原始社会时期我国就有历法的萌芽。日出而作、日入而息的习惯，以物候和气候变迁来指导农耕和采撷活动，这些都是原始历法的萌芽。《尚书·尧典》中有"期三百有六旬有六日，以闰月定四时成岁"的话，这句话至少传达了三种信息，即一岁分四季（四时），366天，并有闰月的安置。

殷商时期的甲骨卜辞，提供了《殷历》的重要线索，主要包括以六十干支来记日，以月亮的圆缺周期记月，大月30天，小月29天，一年12个月，有时13个月，是为闰月，有"南日至"即冬至的认识。这表明《殷历》已具备了阴阳合历的特点，这一特点作为一种传统为后世历法沿用了数千年之久。

进入西周，历法又有了进步，在铸造于青铜器上的铭文中发现有大量月相的记载：初吉、既望、生霸、死霸等。这些名词是表示一月中的某一天（定点说），还是表示某一时段（四分说），历来都争论不休。争论的双方都不能完满地解释现在的金文资料，也不能有力地证明对方的解释不合理。因此，这一问题仍有待进一步发现新资料。虽然如此，它仍说明西周时期对月亮圆缺规律的研究已有进展。公元前七八世纪创作的《诗经·十月》篇，第一次出现了"朔"的记录，表明已将月的开头从"且

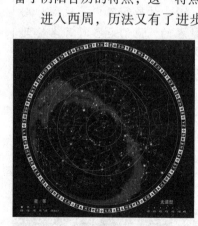

古历法刻盘

出"（新月初见），改成了朔（日月相合），因为朔是看不见的时刻，需以别的方法推算，其难度当比"且出"大得多。

春秋末期，出现了《四分历》和19年7闰的闰周，使我国古历有了新的进展。《四分历》是以365天为一年之长，并发现235个朔望月同19年差不多一样长，故19年中安插7个闰月。这样，一个朔望月的长度就是29天，比笼统地以29.5天为一月进步多了。在诸侯割据、列国纷争的形势下，各国行用不同的历法，计有夏、殷、周、鲁、黄帝、颛顼六种，称古六历。它们都是《四分历》，只是年的开头在十一月、十二月或是一月而不同，历法的起算点历元不同。以一月为岁首称建寅，晋国地区曾使用；以十二月为岁首称建丑，鲁国文公、宣公以前曾用过；以十一月为岁首称建子，宣公以后行用过；后来还出现过以十月为岁首的，是为建亥，秦和汉初使用过。至于历元的不同，《后汉书·律历志》介绍说："黄帝造历，元起辛卯。颛顼用乙卯。夏用丙寅。殷用甲寅。周用丁巳。鲁用庚子。"

秦及汉初以前的历法均未能保存下来，所以它们的详情就不得而知了，虽有一些文献和考古发掘提供了零星的资料，但要复原某一种历法还是不可能的，如同生霸、死霸的问题争论一样，对先秦古历的几种看法尚不能说谁是谁非，在资料不足的情况下做出任何结论都是不科学的。

西汉武帝时征召天下善历者改造新历，编成《太初历》，成为传世的第一部完整历法，其后改历多次，造历近百种。

知识链接

步天歌

《步天歌》有人说为隋代丹元子所著，又有说唐王希明所撰。《隋书·经籍志》中未著录，《新唐书·艺文志》中首次著录，称"王希明《丹元子步天歌》一卷"，有人认为丹元子是王希明的号。从《步天歌》的内容来看，它按三垣二十八宿的区划分割全天星空，同李淳风所著《晋隋天文志》

的分划全然不同，而后代的星空区划与《步天歌》相同，因而认为这是李淳风以后的作品，是有道理的。

《步天歌》是一组诗歌体裁的集子，共有诗31段，三垣二十八宿各一段。七字一句，押韵上口，配有星图，读着诗句就好像漫步在点点繁星之间，"句中有图，言下见象"，便于辨认和记忆全天星名，是学习天文学的进阶书。因此，它成为历代天文机构中训练初学者的必读教材，民间也以它作为认星的指南，流传极广。另外，它把全天星空区划成31个大区，类似于现代的星座，对后世的影响也很大。因此，虽然《步天歌》只是一首普及性的天文诗歌，但它在中国天文学发展史上却发挥了不小作用。

中国古历的分期

对于如此众多的历法和漫长的历法发展史，过去也曾有分期的研究，并提出可分三期，即《古六历》之前为历法萌芽期，《古六历》至明《大统历》为历法改革期，明末以后为中西合历期。这一分期当然不无道理。但是，对最富有中国特色的近百种古历，即从《古六历》到明《大统历》未能再做进一层次的分析，实在太过笼统。钱宝琮先生曾对这一时期的历法沿革做了详尽的叙述（《从春秋到明末的历法沿革》，《历史研究》1960年3期），对各历的成就和进步做了精辟的分析，成为该领域的代表之作。如果从各历的天文内涵和计算原理方面来分析，还可以进一步研究它们的分期。

第一期东汉乾象历之前，可称为固定周期均匀运动期。这时有《古六历》《太初历》《后汉四分历》等，这些历法都基于日、月、行星以固定周期匀速运动为前提，一旦确定了各种周期和起算点（历元），所有年的日历可简单地用周期循环叠加而推出。

第二期从《乾象历》至隋《皇极历》，包括魏、晋、南北朝的许多历法，不断认识到日、月、行星的运动是不均匀的，并陆续应用到历法推算中，是从均匀运动向非均匀运动的过渡时期。

第三期从隋《皇极历》至元《授时历》，为固定周期非均匀运动期，包括隋唐历法、众多的宋历及辽金历法。这是中国历法史上最重要的一个时期，为了计算各天体在固定周期内的非均匀运动，发展了二次和三次内插法等数学方法。它们以第一期的均匀运动为基础，再考虑各种非均匀运动的改变，用逐步逼近的方法力求符合天象，构成了中国历法计算的主体。

第四期为元《授时历》，可称作半固定周期非均匀运动期。这一期的酝酿可从南宋杨忠辅天历开始，杨忠辅首次提出了回归年长度变化为古大今小的认识，《授时历》在此基础上创岁实消长法，每百年往前增万分之一日，往后减万分之一日。按现代天文学理论，回归年、朔望月、交点月等周期都不是固定不变的，且相邻两个周期也不相等，所以从固定周期走向半固定周期在认识上是重要的发展。

从这一分期可以看出，研究中国古历，解读中国古历的计算原理和方法，第三期是关键所在，弄清了第三期历法的计算，可以上推远古、下通未来。以研究中国历法而著称于世的日本薮内清教授正是从隋唐历法入手，才写下了《隋唐历法史之研究》这一奠基性著作，看来是不无道理的。

 知识链接

灵合秘苑

原为北周庚季才撰，据《隋书·经籍志》载有一百二十卷，后又有说一百一十五卷者，但现本仅有十五卷，北宋王安石等人重修。卷首有《步天歌》，配以星图，后按三垣二十八宿体系分别叙述各星位置，附各种星占条文。

本书的价值在于有一份星表，共345星，以入宿度和去极度表示赤道坐标值，是我国继《石氏星经》后的第二份星表。从星表的研究分析可知，这份星表的观测年代约在北宋皇祐年间（1049—1053年），它可以同北宋的其他恒星观测对比，探讨北宋恒星观测的水平。

第二节
中国古代天文历法理论

中国古代天文学思想综述

在天文学家进行研究和逻辑思维的过程中，有一种长期起主导作用的意识，那就是天文学思想。在中国古代时期，天文学思想与儒家思想以及佛教和道教思想都有着密切关系。与天文学有关的任何事物都会受到天文学思想的支配，如天空区划、星官命名、星占术的理论和方法、编制历法的原理、宇宙结构的探讨……正是在这种背景下，中国古代天文学得以形成。人们最早产生的一种天文意识就是泛神论，无论是天地还是河流，无论是狂风还是暴雨，人们都认为是有神在控制。其中地位最高的神就是天神，它对人世间的一切都起主导作用。之所以会出现这种意识，是因为在原始时代，人们无法解释季节交替、草木荣枯、动物回归出没等自然变化现象，更不可能征服自然，认为大自然是神秘的，所以才产生了这种崇拜自然的心理。在这种思想意识得以流行的同时，星占术便有了发展的空间。在中国奴隶制和封建制统治时期，所有的统治者都被尊称为天子。他们被认为是上天派下来替天行道的，而且在这个过程中需要掌握一套破译天意的秘诀，这就是中国星占术产生的社会基础。

中国星占术有三大理论支柱，即天人感应论、阴阳五行说和分野说。坚持天人感应论的人认为天象与人事

自然天象在古人看来是神的警示

有着非常密切的关系。在《易经》中提到"天垂象，见吉凶"，"观乎天文以察时变"。而阴阳五行说则把阴阳和五行两类朴素自然观与天象变化和"天命论"联系起来，坚持这种观点的人认为天象的变化是阴阳起作用而产生的，王朝更迭则是与五德循环相对应。分野说将天区与地域充分联系，认为凡是某一天区的天象发生了变化，与之相对应的地域也会发生变化。当这些理论逐步建立并为大众所接受的时候，中国星占术就具有了政治意味和宫廷星占性质。因为这种星占术在政权活动中占有重要地位，所以天象观察就成了官方必须坚持的日常活动，从而导致中国古代天文学具有官办性质。在这种情况下，中国古代天文学的发展就具有了巨大的财力和物力保证，进而在天象观察和天文仪器研制方面得到了更大发展。

在星占术崇拜天神，甚至是占据主导地位的同时，也出现了反天命论的唯物主义思想，这主要体现在一些神话故事的出现上，如"开天辟地""后羿射日""嫦娥奔月"……凡此种种，都反映了人们力图征服自然改造自然的向往和追求。此后，还有很多思想家提出了反天命、反天人感应的观点，如《荀子·天论》："天行有常，不为尧存，不为桀亡"；《刘禹锡·天论》："天人交相胜，还相用"；《司马温公传家集》："天地与人，了不相关"……这些观点大同小异，都旨在说明这些思想可以指导人们在探求天体本身规律的同时，研究与神无关的客观宇宙。

历法作为中国古代天文学的基本内容，反映了中国古代天文学的实用性和实践为第一思想。这两点也是中国古代科学共同的特色。中国天文学家通过观察和计算寻找天体运动的规律，并以符合这些规律作为制定历法的指导思想。"历之本，在于测验"（《后汉书·律历志》），"历法疏密，验在交食"（《元史·历志》）。为了使历法符合天象，遂不断改历，改历的过程是使历法精密化的过程。中国天文学家运用特有的代数学方法，如调日法、内插法、剩余定理、逐步逼近等方法，解决了编制历法、预告天体位置、日月交食等任务，并以实际天象做出检验，满足了人民对农时季节的需要，也在认识天体运动规律方面做出了贡献。

关于天地关系、宇宙的结构，自古就引发人们的思考，在原始的"天高地厚"认识之后又出现了多种说法，最后以盖天说与浑天说的争论最为持久。在长期争论中，以实际天象作为检验的唯物主义思想原则再次得到了尊重。由于浑天说不借人为的假说就能很完满地解释一些基本天象，因而为多数人和历法家们所接受；而盖天说的天动地静、天在上地在下的观点为天命观所利用，成为天尊地卑、君高臣低等儒家伦理观点的依据，长期占据统治地位而被流传下来。尽管与传统的地静观点相反，中国古代也有大量地动观点的记载，但这一观点始终未能得到发展。这反映了各种思想意识对科学探索的影响。

在恒星命名和天空区划方面，各种思想意识的影响就更加明显了。古代星名中有一部分是生产生活用具和一些物质名词，如斗、箕、毕（捕鸟的网）、杵、臼、斛、仑、廪（粮仓）、津（渡口）、龟、鳖、鱼、狗、人、子、孙等，这可能是早期的产物。大量的古星名是人间社会里各种官阶、人物、国家的名称，可能是随着奴隶制和封建制的建立和完善，以及诸侯割据的局面而逐渐形成的。天空区划的三垣二十八宿，其二十八宿的名称与三垣名称显然是二种体系，它们所占天区的位置也不同，这都反映了不同思想意识的影响。

在近代科学诞生之前，对于东西方古代天文学家来说，都没有近代科学和万有引力定律的理论武装，要探求天体运动的原理都不会成功。古希腊学者用几何系统推演法，设想出天体绕转的具体形状，以预告它们的位置，而设想的那些水晶球天层或后来的本轮均轮，为什么会转，乃归之于宗动天的带动，至于宗动天的动力从何而来，也是无法交代的，只能归之于上帝。中国古代天文学家通过观测获得了大量数据，通过这些数据又设计出一套代数学的计算方法，目的也是预告天体的位置，其运动原因乃归之于气的作用，"其行其止，皆须气焉。"（《晋书·天文志》）拿物质性的气同宗动天来比较，中国古代天文学家的看法还包含着唯物主义的成分。他们均按各自的方法解释天体的运动，结果只能是某种程度上的近似，甚至是一些思辨的形式，这是由古代科学性质所决定的。怎么能说用几何模型形象地描述了天体的运动轨迹就是知其所以然，而以数学计算法求得相似的结果就不是知其所以然呢？星图和星表都能描述天体的位置，几何作图法和解析法都能求出一条线段的垂直平分线，方法虽不同，但结果一致，我们怎能扬此抑彼呢？事实上，中国古代历法中许多表格及计算方法都可以找到几何学上的解释。日本薮内清教授和刘金沂曾分别以几何学方法和代数学方法对中国历法中求合朔时日月到交点距离的计算方法做过解释，结果是相通的。

此外，中国古代天文学家对许多天象都有深刻的思考并力图给予解释。屈原在《天问》中提出了天地如何起源、月亮为何圆缺、昼夜怎样形成等大量问题；盖天说和浑天说都努力设法解释昼夜、四季、天体周日和周年运动的成因，对日月不均匀运动也曾以感召向背的理由给予解释；后代学者对气的讨论，右旋，左旋的争论，地游和地转的设想，天地起源和衰亡的思辨等，都反映了探求原理的思想。尽管他们是不成功的或缺乏科学根据的，但不能因为不成功而否定他们的努力。探索原理的思想几千年来一直在指导着中国古代科学家的工作。如同西方科学家一样，只有当近代天体力学理论出现之后，对于天体运动之原理才算最终找到了"所以然"——万有引力的作用。

 知识链接

开元占经

《开元占经》，亦称《大唐开元占经》，瞿昙悉达撰，成书于开元六年至十四年（718—726年），共一百二十卷。唐以后失传，直至明万历四十四年（1616年）才由安徽歙县人程明善于古佛腹中重新发现，得以流传至今。瞿昙氏为祖居长安的印度血统天文学家，他们一家数代供职于唐司天监，在天文历算方面颇有影响，单凭《开元占经》一书就可见他对中国天文学和中印文化交流做出的重大贡献。

《开元占经》内容丰富。首卷引录了张衡的《灵宪》和《浑仪图注》两篇文献，接着叙述了唐之前各家对天的认识和描写，可算是唐以前的天文星占大全，论天诸家的看法在这里有综合性的叙述，关于浑仪、浑象也有许多资料。后面关于日、月、恒星、行星、彗流陨、客星、云气、物异等的星占条文收集了当时可见的70余种著作，分类编录，使许多现已失传的书籍能知其大概。

除了大量的星占学内容外，书中还有许多天文历法的宝贵史料。战国时期著名天文家甘德、石申的著作已失传，《开元占经》中留下了石氏测量恒星坐标的资料，经辑录成石氏星表，有120多个星的赤道坐标，这是世界上最早的星表，由此还可以推测战国时代的观测仪器和方法以及浑天学说的历史。书中关于二十八宿距度的记载，特别保留了古老的数据，这也揭示了汉以前二十八宿的演变情况。

关于历法，秦以前的《古六历》是佚失已久的了，它们的积年和一些基本数据却可在《开元占经》中找到。当时行用的《麟德历》，虽有唐书历志的详细记载，但《开元占经》中的《麟德历》经却补充了唐书的不足，有些数据校勘可得到此书的帮助。尤其有价值的是《开元占经》中翻译了印度的《九执历》，把印度的天文学知识传到中国，目前研究印度这部历法，最重要的资料就是来自中国的这部占经。在数学方面，印度学者编算的正弦函数表也在此时首次传入中国。

同《乙巳占》一样，《开元占经》中也有大量占语，是迷信的东西，但它同样也是研究星占术的资料，从中还可以知道不少古天文术语和名词的含义。《开元占经》大量引用的各家占语是从战国以来中国星占术情况的一个线索，它可以帮助我们了解各代星占家的思想、这些天文星占家的工作和当时的天文知识水平。

三垣二十八宿

虽然恒星名为恒星，但是它的位置并不是恒久不变的。因为它距离地球非常远，所以即使其位置发生了变化，在短时间内也是观察不出来的。所以，古人在探索太阳、月亮和五大行星的运动规律的同时，就想当然地把恒星背景作为坐标参照系。

如果想要建立这个参照系，人们必须明确恒星的分布特点。通常情况下，人们把恒星划分为若干个星群，将其称为星官，与我们所说的星座有点相似。每个星官的星数是不同的，有的只有一颗，有的则有几十颗。根据它们组成的不同形状，人们都赋予其与形状相似的名称，比如，"杵"三星和"臼"四星，其与真实星官的形状是非常相似的。当这些星官被命名之后，它们更容易被记住。然而，因为中国的星官数目太多，虽然陈卓总结的1464颗星已经被分为283个星官，但还是难以辨认，所以需要更高层次的划分。根据相关资料记载，我们可以得知，《史记·天官书》曾把可见星空分成五大天区，将其称为五宫，即东宫、西宫、南宫、北宫、中宫。中宫是指北极附近的星空，而其他四宫则是以春分那一天黄昏时的观测为准，按东、西、南、北分的，每宫又派生出七宿，共二十八宿，所有星官包括在中宫和二十八宿中，也就是大单位中的小单位。虽然在司马迁之后，星官数和星数都发生了一定变化，但是基本框架已经形成。

在太阳出来的时候，因为地球表面大气的散射作用，太阳的光亮遮住了所有的恒星，所以人们根本无法确定其位置。在古代时，人们已经注意到，月相实质上显示了月亮和太阳的位置关系。例如，在满月的时候，太阳与月亮相对，太阳从西面落下的同时，月亮从东面升起；上弦月时，太阳与月亮相差90°，太阳落下时，月亮应当在头顶上方。通过对月亮在恒星位置中的观测，可以把太阳的具体位置推测出来。正因为如此，中国古代才特别重视对月亮的运行规律进行研究。

二十八宿是如何形成的呢？为什么是二十八而不是其他的数目呢？在古印度文明中，它也用28份划分黄赤道天区，称为28个月站。因为"宿"字与"月站"含义相同，所以二十八宿的本义应该是月亮运行中的二十八个宿营地。但事实证明，月亮的恒星周期为27.32日。假如月亮每天走一宿，我们也不能说它是不符合推测的。然而，中国二十八宿的距度值是不等的，大的达33°，小的只有1°，这与月站的含义是相违背的。但是，在先秦文献中可以发现二十八宿等间距分法的痕迹。究竟是什么原因导致了二十八宿不等间距的情况？需要人类继续探索。

后来，中宫又分成三个区，即紫微垣、太微垣和天市垣。垣即墙。因为这三个天区都有如围墙一样的星官，所以如此命名。

从《史记·天官书》开始，全天星空被分配成了三垣二十八宿。但是，三垣和二十八宿的划分不是一次完成的，

二十八星宿图

而是到唐代的天文启蒙读物《丹元子步天歌》，全天可见星空才被较为全面地概括为了三垣二十八宿。

 知识链接

乙巳占

《乙巳占》，唐李淳风撰，《新唐书·艺文志》载是书十二卷，但宋以后的著作如《玉海》《直斋书录解题》等均言十卷。观现存之《乙巳占》十卷100篇，前九卷均万言左右，而第十卷有3万字33篇，疑后人将末三卷拼成一卷，以致与唐书卷数不符。

前八卷50篇基本上是天文星占内容，包括天体、太阳、月亮、行星、流星、彗星的占卜条文；后二卷是云气、风方面的占验，有不少气象学的知识，是气象史的资料。关于天文学的部分涉及面很广，李淳风年少时研读星占著作，做了大量笔录，大业年间（605—617年）隋炀帝昏暴统治，致使许多古籍失传，因而他将数十种古籍分类编纂，写成《乙巳占》。星占条文多来自古代星占书，而关于天文、历法、仪器等内容多是他本人的研究，因而这对了解李淳风的科学成就很有裨益。

李淳风在书中提到了他的著作《历象志》，此书现已失传，其内容是一种未经行用现在鲜为人知的历法。其创作可能在麟德历（665年）之前的贞观三年（629年），此时他只有27岁。《乙巳占》中引录了这一历法的基本数据和推算方法，包括回归年、朔望月长度、岁差值、五星会合周期和各星运动速度，而详细内容在已失传的《历象志》中。关于星占学的内容除了大量天人感应的糟粕外，也还保存了一些天象记录、行星视运动轨迹的描述和古代天文学名词的含义，如表示两天体距离的"度"与"寸"之间的关系，1°约相当于七寸；行星与月同经度而在月上方1°之内为"戴"；行星从留转而逆行曰"勾"；再"勾"即又转入顺行为"巳"等，这些内容对古代天象记录的理解很有帮助。

二十四节气

虽然阴阳历的平均长度接近回归年，但因为三年多才加一个闰月，补偿方式显得有些唐突，气候变化在阴阳历上不能完全体现出来。比如，表示夏天开始的立夏，今年在三月，明年可能就在四月，与月序的关系不固定。在农业国家，人们格外关心播种和收割的时间，不能反映季节的历法很难普及推广，因此，二十四节气便应运而生了。

二十四节气与农时密切相关

二十四节气的具体名称是：立春、雨水、惊蛰、春分、清明、谷雨、立夏、小满、芒种、夏至、小暑、大暑、立秋、处暑、白露、秋分、寒露、霜降、立冬、小雪、大雪、冬至、小寒、大寒。其中位于偶数的，如雨水、春分、谷雨等又叫中气。

节气，本质上是将地球绕太阳运动的轨道平均分成 15°一份，24 份共 360°，每个节气代表轨道上的一个固定位置。从时间上来说，由于地球公转的速度是不均匀的，这就导致了有的节气 14 天、有的近 16 天，平均 15 天多。大家知道，季节是地球公转的反映，所以节气可以比较准确地表征气候冷暖现象。

二十四节气按其名称的含义又可分为四种：（1）表征四季的有立春、春分、立夏、夏至、立秋、秋分、立冬、冬至八个节气。（2）表征冷暖程度的有小暑、大暑、处暑、小寒、大寒五个节气。（3）表征降水量多寡的有雨水、谷雨、白露、寒露、霜降、小雪、大雪七个节气。（4）与农事相关的惊蛰、清明、小满、芒种四个节气。

二十四节气属于阳历系统，它与朔望月配合使用，是中国阴阳历的一大特点。

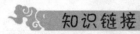知识链接

十六时制

前人早就注意到，在西汉以前的古籍中，记时方法与后世几乎完全不同，不是用子时、丑时等记法，而是用食时、铺时、人定等陌生的时称。这类对时间的称法，在《史记》《汉书》《黄帝内经》等书中到处可见，近年出土的西汉以前的有文字记载的简牍等实物，也都证实了当时实用的就是这套记时制度。为了说明这套时制与后代的对应关系，曾有人对此做出注解，例如对《资治通鉴》和《黄帝内经》的时称名均有人做过注解，认为这些时称是十二时制的异名。但是《淮南子·天文训》连续记载有15个时称，《黄帝内经》也有14个不同的时称，故以上古人的理解有误。近年来人们对西汉时制作出深入研究，才揭开了十六时制的秘密。

由于冬夏白昼和黑夜的长短时间不等，故这十六时制中的每一个时段冬夏所占时间的长度是否相等，还有待于进一步研究。外国古代也有十六时段的分法，不同国度之间是否存在过这种时制交流，还有待于进一步研究。

合天为历法之本

什么是历法之本？换言之，什么是制定历法所应遵循的基本准则？在中国古代，人们对此有不同的回答。历法需以合天为本，即应以正确地反映天体运动的客观规律为基本准则，这是中国古代历本思想的主流。历代历家多循此指导自己的实践，从而不断把历法推向前进。同时，历法需以合黄钟、律吕、乾象、大衍、阴阳之数为本，应以合谶纬之言、合经典之说为本的思想亦有人提倡，它们作为中国古代历本思想的支流，其不良影响不可低估。两种不同的历本思想是两种不同认识论的反映，前者以客观的存在为依据，后者以主观的设想为前提，在中国古代它们相互交叉，彼此论争，谱写了多彩的篇章。

自远古的传说时代开始，观象授时就是中国历法的一大特征。相传颛顼帝曾命火正以观测大火星（天蝎座 α 星）黄昏时见其在东方地平线上之时为一年之始。唐尧曾命羲和观测四仲中星以定一年四个季节的来临。人们都把历法的制定与对天体的观测直接联系起来，两者之间的依从关系毋庸置疑。这是观象授时朴素的、鲜明的历本观念的体现。

随着人们对日月星辰运动规律的了解，历法的制定不再完全依赖于对天象随意、直接的观测。到殷商时期，按一定之规编订历法的愿望与自信日益增强，并已被付诸实施。但是，以经常性的观测成果，修订历法的原有安排的情况屡见不鲜。这说明以合天为本的思想仍起着关键性作用。

春秋战国时期出现的四分历，是人们长期对回归年长度、朔望月长度等进行观测与推算，并在此基础上产生的比较规整的历法，它在日历的安排上已经比较成熟。依该历法，约经历 310 朔望月才差 1 日，约经 130 个节气才有 1 日之差。所以，四分历在当时已是相当精准的历法。战国时期有黄帝历、颛顼历、夏历、殷历、周历和鲁历等六种历法（统称古六历），在不同的诸侯国被颁用。它们都采用四分历的三个基本数据（回归年长度为 365.25 日，朔望月长度为 29 日和 19 年 7 闰），但各历法均经由实测确定各不相同的历元和岁首，力求与当时的天象相吻合。这是人们在已经获得比较准确的若干天文数据之后，仍由实测以求合天的思想反映。

《吕氏春秋·贵因》曰："夫审天者，察列星而知四时，因也。推历者，视月行而知晦朔，因也。"

这是关于因果关系的认识论描述，把历法的成立，建筑在"察列星""视月行"的基础之上，前者是果，后者是因。可见，关于历法以观天、合天为本的思想是为人们所普遍接受的。

西汉初年，古四分历的应用已达数百年之久，于是发生了"朔晦月见，弦望满亏，多非是"的情况。但由于汉王朝新立，未来得及改历，只是采纳了张苍的意见，继续应用"比于六历，疏阔中最为微近"的颛顼历。由此可知，人们是依据对天象的实际观测，对原有历法的正确性和可靠性提出了疑问，而选择原有六种历法中与天象最为接近者，作为权宜之计而加以行用的，也明显地贯穿着历法以合天为本的思想。

及至汉武帝元封六年（前 105 年），颛顼历失天益远，公孙卿、壶遂、司马迁等人大声疾呼"历纪坏废，宜改正朔"，汉武帝遂诏"议造汉历"。这次改历最为主要的环节简述如下。

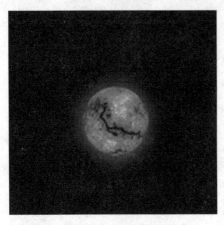

历法多以太阳推算出

首先，人们"乃定东西，立晷仪，下漏刻，以追二十八宿相距于四方，举终以定朔晦分至，躔离弦望"。即造历伊始，先观测日、月之运行，二十八宿的距离，等等，取得第一手的、客观的天象资料，以为制定历法的基本素材。

其次，召集朝野明于天文历算者"凡二十余人"，共同参与改历。利用上述素材以及各自的研究心得，他们分别提出了 18 种改历方案，经"观新星度、日月行，更以算推"，证明邓平与落下闳"所造八十一分律历"合于天，于是"罢废尤疏远者十七家"，初步选定邓平、落下闳所造历法。

最后，又使与改历无直接关系的人士"宦者淳于陵渠复覆太初历（指邓平、落下闳法）晦朔弦望，皆最密，日月如合璧，五星如连珠"。于是在太初元年（前 104 年）正式颁行之，命名为太初历。到汉昭帝元凤三年（前 78 年），太初历行用了 27 年后，太史令张寿王上书言："历者天地之大纪，上帝所为……今阴阳不调，宜更历之过也。"这是中国古代第一次明确以为历法不是凡夫所测而是上帝所为，同时又是第一次明确地不以是否合天作为取舍历法的判据的言论。这一言论虽然不为当时的天文历法界所认同，但也引起了一阵混乱。张寿王提出了据他认为是上帝所为的黄帝调律历，又有 10 家亦提出各自的历法，均自称其是。在这种情况下，由鲜于妄人主持，自元凤三年（前 78 年）十一月朔旦冬至，至元凤六年（前 75 年）的三年多时间内，"杂候日月晦朔弦望、八节二十四气"，"课诸历疏密"，结果证明"太初历第一"，其余 11 家"课皆疏阔"。太初历又一次经受了天象的检验，这才"是非坚定"，得以继续颁行。

自元封六年（前 105 年）议造汉历，到元凤六年（前 75 年）的 30 年间，太初历编制的前三个环节，以合天为本已无异议，特别是经过第四个环节的考验，在有人提出不同的历本之说的情况下，人们更明确、坚定地得出了"历本之验在于天"的理论性总结，这对于后世历法的发展具有极为重要的理论指导意义。而且，太初历编制的前三个环节，实际上为后世大多数历法的制定提供了经典的范例：从第一手的观测资料出发，提出历法，在提出的诸多历法中以实际天象考验之，择密近者用之。再经过一段时间的复核检验，证明合天，最后颁行之。应该说，太初历制定的程序及其所体现、所总结的历本思想对后世的影响，比起太初历自身的成就来具有更重要的意义。

东汉时期，关于历本的争论十分激烈，其中以谶纬为历本、以历元为历本等说法曾成为一股潮流。但是，以合天为历本的理论与实践仍有很大发展，并且始终占据着主导的地位。

汉光武帝建武八年（公元 32 年），朱浮等指出太初历推"朔不正，宜当改更"，只是当时"时分度觉差尚微，上以天下初定，未遑考正"。至汉明帝永平五年（公元 62 年），杨岑提出推算朔望、月食新法，经校验当年七月至十一月的"弦望凡五，官历（即太初历）皆失，（杨）岑皆中"，于是改用杨岑法。稍后，张盛等提出了四分法与杨岑法校验，经一年多的实测，证明张盛等人的方法"所中多（杨）岑六事"，遂于永平十二年（公元 69 年），改用张盛等人的四分法，这就改正了太初历所取回归年长度偏大的失误，而回复到古四分历的精度水平。这些是在正式改用编诉等人的东汉四分历以前，

奇异天象是验证历法的好时机

对太初历所做的局部修订，而做这些修订所依据的准则都是合天为本的思想。

汉章帝元和二年（公元 85 年），编诉、李梵等经长期实测，确认冬至太阳所在宿度为赤道斗二十一度四分之一，以之淘汰冬至日在牵牛初度的旧说。他们还指出："太初（历）失天益远。"这些便是东汉四分历取代太初历的最重要原因。在其后颁行的过程中，人们继续奉行合天为本的思想路线，对东汉四分历做出必要的修订。

汉和帝永元二年（公元 90 年），东汉四分历刚施行六年，宗绅就指出其月食法乃沿袭太初历之法，不准确。他提出新法，推得当年正月月当食，而依旧法推为二月食，"至期如（宗）绅言"。于是"诏书以（宗）绅法署"。

汉和帝永元十四年（102 年），"待诏太史霍融上言：'官漏刻九日增减一刻，不与天相应，或时差至二刻半，不如夏历密。'诏书下太常，令史官与（霍）融以仪校天，课度远近"。这是在东汉四分历施行 18 年后，霍融经测量提出的关于每日昼夜漏刻长度计算的修正案，经"太史令舒、（卫）承、（李）梵等"的检验证明"官漏失天者至三刻"。而且他们还充分肯定霍融提及的夏历的漏刻理论，对于官漏的失误作了说明：

> 漏刻以日长短为数，率日南北二度四分增减一刻。一气俱十五日，日去极各有多少。今官漏率九日移一刻，不随日进退。

昼夜漏刻长度的计算是中国古代历法的重要内容之一。这里所说的"官漏"是从西汉宣帝本始三年（前 71 年）开始施行的。以白昼漏刻而言，冬至 45 刻，夏至 65 刻，从冬至到夏至又到冬至，前后各增减 20 刻，一年 365.25 日，则每经 365.25/40 = 9.13 日增减 1 刻，这就是"官漏刻九日增减 1 刻"的由来。显然，这是一种相当粗糙的漏刻法。这里所谓的"夏历"，可能是西汉宣帝以后不久出现于民间的一种历法著作。"夏历漏刻随日南北为长短"，以太阳去极度每变化二度四分而增减一刻。严格来说，太阳去极度的变化与漏刻的增减之间并非线性关系。但此法已相当接近实际，比九日增减一刻法有突破性的进步。

还要特别指出，在参加这次检验工作的官员中有李梵其人，他正是东汉四分历的最主要制定者之一。李梵以豁达、开明的态度接受人们对其历法的批评，是难能可贵的。同时也证明，对于当时的历家而言，"不与天相应"是多么严重的问题，而改法以应天则又是如此自然的。

汉灵帝熹平四年（175 年），宗绅之孙宗诚，改进宗绅月食法，并推出当年十二月当发生月食，而依宗绅法推为次年正月月食，"到期如（宗诚）言"，由是"诏书听行（宗）诚法"。又一次兑现了合天为历本的思想。

汉灵帝光和二年（179 年）发生了一场关于交食法的大论争。各家均预推当年的一次月食，刘洪、刘固和宗诚术以为"当食四月，（冯）恂术以三月，官历（指宗绀术）以五月。太史上课，到时施行中者。丁巳，诏书报可"。可是当年三月、四月和五月望日都遇上天阴，不知道哪一月发生了月食。"太史令修、部舍人张恂等推计行度，以为三月近，四月远"，奏请废止已于熹平四年（175 年）行用的宗诚术，施用冯恂之术。

这一意见引起了轩然大波。人们提出了"食当以见为正，无远近"的重要检验理论，即不能以某种自身未经检验的计算方法去判断另一些计算方法的是非，不能用远或近一类含混不清的概念代替食或不食的事实，必须以真实观测到的食或不食作为判别计算方法优劣的准绳。在这种情况下，汉灵帝诏令用前代交食记录进一步检验宗诚与冯恂二术，发现二术互有得失，亦难以为断。刘洪等人一方面同意必须"以见食为比"的原则，又鉴于"（宗）诚术未有差错之谬，（冯）恂术未有独中之异"，提出了"术不差不改、不验不用"，因为"未验无以知其是，未差无以知其失。失然后改之，是然后用之"，这才是公正和严肃的行为准则。于是，刘洪等主张"今宜施用（宗）诚术，弃放（冯）恂术"，并继续请"史官课之，后有效验，乃行其法，以审术数，以顺改易"。刘洪等人的这些见解是十分精辟的，它不但适用于关于交食的检验，而且对于历法是否合天及其优劣的判定具有全面的理论意义。"今考光和二年，三、四、五月皆不应食"，可见当年刘洪等人所坚持的原则是何等正确。

 知识链接

明安图

明安图（约 1692—约 1765 年），蒙古族人，属清初蒙古正白旗（今内蒙锡林郭勒盟南），生卒年不详。按有关资料排比其卒年当在 1763—1766 年间，暂定 1765 年。青年时代被选拔为官学生送钦天监学习天文历算，1712 年曾随康熙皇帝去承德答问天算问题，次年卒业，供职钦天监，历任五官正和钦天监监正，前后共四五十年。其间，他参加了《历象考成》前后编和《仪象考成》的集体编撰，平时则负责编算各年时宪书，预告日月食。乾隆年间曾两次去新疆测绘地图，以测太阳午正高弧定地理纬度，以月食观测定东西偏度，即经度，同时配以三角测量，在测量基础上编绘《皇舆全图》新疆部分。数学方面著有《割圆密率捷法》，其中证明了传教士杜德美传入的 3 个无穷级数，又在证明过程中得到另外 6 个无穷级数展开式，此书这三方面，他的工作差不多经历了大致相同的过程，即先是以普通人员参加工作，进而在工作中逐渐表露其才华，弄懂传教士秘而不传的方法，最后有所发展。在天文历算方面，《历象考成》编成后，其中的日躔月离表，除两位传教士徐懋德、戴进贤以外，只有明安图一人能够使用，于是由他们三人主持编写后编，抛弃了本轮均轮体系，改用地心椭圆面积定律。可见，明安图是前后编之间的纽带。

改历原因之考察

中国古代先后行用的历法至少有 53 部之多，考察其改历的原因，大致可归纳为如下 11 项：

其一，朔差。如汉武帝元封年间（约前 104 年）就是以颛顼历所推"朔晦月见，弦望满亏，多非是"为由，而改行太初历的。东汉四分历的施行，则主要因为太初历"晦朔弦望，先天一日"。与此有关而行改历的，有 11 种历法。

其二，气差。这是由实测晷影推算得的冬至时刻与历推冬至时刻之差。如"（刘）宋何承天始立表候日景，十年间，知冬至比旧用景初历常后天三日"，这便是元嘉历替代景初历的原因之一。又如，南宋会元历被统天历所取代，主要原因就是杨忠辅自"庆元三年（1197 年）以来，测验气景，见旧历后天十一刻"。以气差为由而改历者 18 种。

其三，宿差。在岁差未发现以前或未被人们广泛接受以前，冬至日所在位置的变化，也曾被人们作为要求改历的一个理由，这便是所谓"宿差"。如前所述，东汉四分历以新测值否定太初历冬至日在牵牛初度之说，即首开其例。以此为理由之一而提出改历者有 5 种。

其四，日月食差。有 23 种历法的革旧从新与此有关，其中因月食不验者 5 种，因日食不

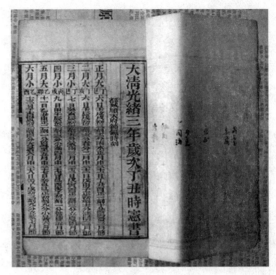

古历法书

验者 13 种，因日月食均不验者 5 种。自古及近，交食不验的标准在不断提高。如果说汉魏时期以"合朔月食，不在朔望"为不验，那么唐宋以后，则已注意到食分之多少、交食时刻的早晚等作为验或不验的标准。如宋高宗绍兴"五年（1135 年），日官言，正月朔旦日食九分半，亏在辰正。常州布衣陈得一言，当食八分半，亏在巳初，其言卒验"，遂废除纪元历而行陈得一的统元历。

其五，五星行度差。与此相关而行历法改革者有 10 种。如元嘉历因"五星见伏，至差四旬，留逆进退，或移两宿"等理由，而被大明历所取代。唐代麟德、大衍两部名历亦因五星行度渐差而先后被废除不用。

其六，闰月或大小月安排失当，如此者有 6 种。

其七，漏刻时刻失准者有 2 种。

其八，笼统地说占候渐差或新历稍密等 17 种。

其九，王朝更迭或新皇帝即位而命造新历法、废旧历法者，有 18 种。

其十，立元失当者有 6 种。

其十一，以不合图谶为由者有 2 种。

总而言之，历法的更替是由上述一项或多项原因所造成的，其中又多以多项并发而导致，在上述 11 项原因中，前 8 项均是与实际天象不合，它们约占改历原因总数的 80%；而后 3 项则与政治、思想等有关，约占 20%，而且在大多数情况下，后 3 项并不是导致历法改革的唯一原因，单纯因此而改历

者仅 10 例。这些情况表明，历法不符合天象是中国古代历法改革的最主要原因，其中又以交食、气朔、五星之验最受人们所重视。至于改朝换代等人为因素，仅仅是次要原因。

 知识链接

梅文鼎

梅文鼎（1633—1721 年），清初安徽宣城人，他的诞生正值徐光启的去世，他的事业也正是徐光启开始的中西学术合流研究。青少年时代曾从专业老师学习天文和历法，其后便四出游学，专以著述为生。晚年曾得到康熙皇帝召见讨论历法算术问题。据《勿菴历算书目》载，共著有天文学著作 62 种，数学著作 26 种，现传世的有《勿菴历算全书》，共收 29 种 76 卷。1761 年其孙梅毂成重编《梅氏丛书辑要》，共收 23 种 60 卷，其中天文学 10 种 20 卷，有《历学骈枝》《历学疑问》《交食》《七政》《五星管见》《恒星纪要》等，既有关于中国传统历法的，又有关于欧洲天文学知识的。他的著作在清代学者中很有影响力。

在中国传统天文学方面，他系统研究了《授时历》和《大统历》、《明史·历志》。他首先提出以几何学方法来解释求日食初亏、食甚、复原时刻和月食初亏、食既、食甚、生光、复原时刻的道理，并提出《授时历》中黄赤道差和黄赤道内外度的算法已接近球面三角学。后来，李善兰以几何学方法解释《麟德历》的日躔、月离计算公式，很可能是受梅文鼎几何方法的影响。

在研究西方天文学知识方面，他讨论了天文学中的球面三角学方法，研究用本轮均轮系统解释天体视运动，用偏心圆方法说明太阳视运动，并对小轮的实在性提出怀疑，他还系统整理了传入中国的许多西方星表，系统整理了《崇祯历书》中关于日、月、五星位置的计算方法，并作出分析和解释。此外，他还研究过回回历法，中西星名对照。钱大昕认为他是清代天算第一人，是有一定道理的。他的工作对中西天文学的比较研究很有价值，可以想象，对梅文鼎天文学著作的研究能帮助我们了解古希腊天文学和欧洲古典天文学方法，可惜的是这类工作目前还寥寥无几。

以谶纬为历本

两汉之际，谶纬初起，及东汉而盛行。其说不但在政治、思想领域影响巨大，同时也渗入天文历法领域，历法必须合于谶纬之说在东汉时期曾成为一种时髦的理论。

关于东汉四分历的历元与图谶是否相合的问题，曾长期困扰过东汉的诸多人物，并且发生过多次激烈论争。

汉安帝延光二年（123 年），"中谒者亶诵言当用甲寅元"，因为"《考灵曜》《命历序》皆有甲寅元"，以为"甲寅元与天相应，合图谶，可施行"。"诏书下公卿详议"。河南尹祉、太子舍人李泓等四十人则引用《春秋纬·元命包》之说，证明东汉四分历所取用的庚申元无误，而且"元和（85 年）变历，以应《保乾图》'三百年斗历改宪'之文。四分历本起图谶，其得最正，不宜易"。辩论双方各引图谶之说为据，难分伯仲。于是"尚书令忠上奏"，经检验"甲寅元复多违失"，"上纳其言，遂寝改历事"。这就是说最后还是由合天的程度为标准，平息了这场论争。

汉顺帝汉安二年（143 年），尚书侍郎边韶以为东汉四分历"以庚申为元"，于所有纬书中均"无明文"，而太史令虞恭、治历宗诉等则竭力证明庚申元乃"明文图谶所著也"。由是"诏书下三公、百官杂议"。差不多又重演了 20 年前的论争。这一回则以东汉四分历推验"章和元年（87 年）以来日变二十事，月食二十八事"，证明"四分尚得多，而又便近"，才又平息了争端。

汉灵帝熹平四年（175 年），以五官郎中冯光和沛相上计掾陈晃为一方，议郎蔡邕等为另一方，又重复前两回的论争，皇上又一次"诏书下三府，与儒林明道者评议，务得道真。以群臣会司徒府议"。论争的双方差不多各自重述了前两次论争的理由，唱的还是老戏文，只是演员又换了新面孔。当然，多少也增加了新情节。如蔡邕指出，太初历"虽非图谶之元，而有效于前者也。及用四分以来，考之行度密于太初，是又新元有效于今者也"，字里行间均表达了历元不一定非以图谶为本不可的思想。又如冯光、陈晃"以《考灵曜》为本"，制出了新历法，意在取代东汉四分历。而蔡邕则"以今浑天图仪检天文，亦不合于《考灵曜》"的事实，"难问（冯）光、（陈）晃"，此二人仍"但言图谶"，对是否合天无所言，也不敢言，而这大约正是决定这一回论争胜负的关键所在。

这是中国古代历法史上仅有的奇特事件。同一个论题、同样的论据、同样的结局，却历经三帝，三度重演，而且每一回都兴师动众，朝野震摇。这一事件表明，历元以致历法须以谶纬为本的思想在当时是何等神圣，论争的双方均陷入这一思想怪圈之中而不能自拔，最终都不得不借用合天为历本的思想，以验天定是非。三度论争差不多涉及三代人，这三代人差不多接受着相同的社会思潮熏陶。他们都熟知图谶之说，由于在历元问题上，不同的纬书就有不同的说法，而这些纬书又均具有同等的权威。一旦有人提及于此，众人便纷纷扬扬，加上皇上郑重其事，于是人们各据所学，判然分成两派是十分自然的结果。三度论争，可谓不胜其烦。不过，其中第三回论争，蔡邕之说似有所觉醒，他居然直指《尚书纬·考灵曜》与天不合，又提及不以图谶为历元之本的太初历也同样有效，似有离经叛道之意。此外，三度论争均以合天与否判定是非，不论论争的双方自觉还是不自觉，对于图谶的权威当然都是巨大的伤害。这些大约是这三度论争的积极意义之所在。

我们还要提及的是，汉灵帝光和二年（179年），在评议王汉依图谶之说提出的"以己巳为元"的主张时，刘洪尖锐地指出："甲寅、乙巳谶虽有文，略其年数，是以学人各传所闻，至于课校，罔得厥正。"

很显然，这是对蔡邕相关论说的继承与发展。刘洪不但以合天的权威否定图谶的神圣，而且指出图谶之文本身就是不可靠的。这说明自蔡邕、刘洪始，图谶之说的权威性已经发生了很大动摇，它在历法领域的影响已开始削弱了。后世虽还有人主张以图谶为历本之说，但已是强弩之末，而更多的人则对之取批判态度。

研究月亮的规律也可以推算出历法

刘宋何承天指出，东汉时期有人"假言谶纬，遂关治乱，此之为蔽，亦已甚矣"，这是对东汉冯光、陈晃提出的东汉四分历不用甲寅元而招致社会动乱之说的尖锐批评。祖冲之曾依据自己对古四分历的深入研究，指出："殷历日法九百四十，而《易纬·乾坤凿度》云殷历以八十一为日法"，"颛顼历元，岁在乙卯，而《命历序》云此术设元，岁在甲寅"。所以，他深有感触地表达了对谶纬之说的不信任："谶记碎言，不敢依述"，"合谶乖说，训义非所取"，认为它们是"曲辩碎说，类多浮诡"。

齐、梁间沈约在《宋书·律历志中》也指出：

晋武帝时（274年），侍中平原刘智，推三百年斗历改宪，以为四分法三百年而减一日，以百五十为度法，三十七为斗分，饰以浮说，以扶其理。

前已提及，"三百年斗历改宪"是纬书《春秋纬·保乾图》之说。刘智把此说理解为回归年长度应为365日。对于历法中这一极其重要的天文数据，刘智不是依实测晷影推得，而是以对图谶之说的理解给出，这在沈约看来是极不严肃的，认为图谶和刘智之说都是虚浮无稽的。

何承天、祖冲之和沈约等人对于谶纬的这些批评，是对谶纬为历本思想的一次清算。但是，图谶作为吉凶的符验或征兆，曾一度为人们所崇信，它显赫的历史和特殊的功能，使其在某一特定条件下得以死灰复燃是不足为怪的。

北齐文宣帝代魏受禅（550年），欲神其事，"命散骑侍郎宋景业协图谶，造天保历。（宋）景业奏：'依《握诚图》及《元命包》，言齐受禄之期，当魏终之纪，得乘三十五以为蔀，应六百七十六以为章'。文帝大悦，乃施用之"。即依纬书之言，闰法的强率应取为35，而得676年249闰。这是中国古代继东汉四分历、西晋刘智正历之后第三部，也是最后一部据谶纬立说的历法。"至后主武平七年（576年），董峻、郑元伟立议非之曰：……（宋）景业学非探颐，识殊深解，有心改作，多依旧章，惟写子换母；颇有变革，妄诞穿凿，不会真理"。这后一句话即是针对宋景业依谶纬变革闰法而言的，可见依谶纬立说的做法是不为多数人所接受的。

综观上述三部历法中依谶纬为本者，大约有以下两个特点：一是对历法中的某些数据在有关纬书中找寻依据，以圆其说、神其说。如东汉四分历实际上的近距历元是"起孝文帝后元三年（前161年），岁在庚申"，后由《春秋纬·元命包》《易纬·乾凿度》的从天地"开辟至获麟二百七十六万岁"之说，正好推得上元亦岁在庚申，于是声称"四分历本起图谶"，这是何等的神圣！不料也正因此引致了如上所述的三度论争。又如，东汉四分历的作者们由测候知，当时冬至时太阳在"斗二十一度四分之一"，否定了冬至太阳在牵牛初度的旧说，但不少人对此表示怀疑。而在《尚书纬·考灵曜》中正好有"斗二十二度无余分，冬至在牵牛所起"之说，这便成为新测值的关键性证明，因为它"与《考灵曜》相近，即以明事"，于是，"他术以为冬至日在牵牛初者，自此遂黜也"，真可谓歪打正着。二是以纬书的某些说法为依据直接推衍出历法中的某些数值。刘智正历的回归年长度值、宋景业天保历的闰法，即为其例。平心而论，该两数值的准确度，与其前后的历法所取数值的准确度不相上下。这就反过来证明，刘智、宋景业显然是参照了其前有关历法的数值而附会以谶纬之说。

由此看来，以谶纬为历本的思想对于历法的影响是有限的，如此说来大多是在对有关数值心有底数的情况下，再饰以谶纬的神秘色彩，以壮声大其威而已。

天象铜镜

天象铜镜是我国古代的一种艺术品，因为镜面上刻有丰富的天象知识，所以又是不可多得的古代天文史料。在我国古籍中对铜镜有许多记载，而其遗物，在过去很长时期内，仅知道有唐代铜镜一面，现藏于美国自然史博物馆。近年来在浙江、湖南、天津等地先后发现过天象铜镜数面，这对研究我国古代天文学发展史又提供了新的资料。

文王八卦镜中蕴含着丰富的天象知识

1. 湖南唐代天象铜镜

湖南省博物馆最近收集到了两件天象铜镜，其中一面与珍藏在美国的那面唐代铜镜的大小、花纹、天象内容几乎完全一样，从而弥补了因唐代铜镜流失国外而造成的空白。我们称这面铜镜为唐式铜镜。

唐式铜镜，直径27厘米，镜面图文并茂，分五圈刻画。第一圈是代表东、西、南、北四个方向的所谓四象。第二圈刻的是12属相的动物形象，分别代表子、丑、寅、卯、辰、巳、午、未、申、酉、戌、亥，这就是人所共知的十二支。第三圈为八卦，依次是乾（灭）、坎（水）、艮（山）、震（雷）、巽（风）、离（火）、坤（地）、兑（泽），它既代表八个方位，也概括了宇宙中的自然现象。第四圈从东方的角宿开始，依次刻着二十八宿的名称。第五圈是一首铭文，其中"长庚之英、白虎之精"是指"金星"和"白虎"。边缘饰有如意云头连珠纹。整个镜面，刻画细腻，层次分明，龙飞凤舞，引人入胜。

天津市艺术博物馆内亦收藏了一面与湖南铜镜完全相同的唐代铜镜。

2. 浙江天象铜镜

浙江上虞县文化站于 1973 年 8 月收集到了一面天象铜镜，据考证，这面天象铜镜是唐代的遗物。

该天象镜的直径为 24.7 厘米，厚达 4 ~ 5 厘米，正面磨光，背面分层次刻画着太阳、月亮、金星、木星、水星、火星、土星，以及青龙、白虎、朱雀、玄武、北斗七星和二十八宿等内容，是反映中国古代天文学成就的又一件文物。

第二章

中国古代天文学文献考

　　对于生活在世界文明发祥地的各民族先民来说，尽管他们所处的地理环境、自然风貌各不相同，语言文字各有差异，思维方法和哲学逻辑也各有千秋，然而他们却面对着相同的宇宙苍穹，那蓝天白云，那日月星辰，是大家的共同财富。他们的生产生活与气象、天象周期性变化有着不可分割的内在联系，因而他们按照各自的逻辑和方法观察天空，描述宇宙。

第一节
古代典籍中的中国天文

甲骨文中的天文历法

1898 年，在河南安阳县西北的小屯村挖掘出一些龟甲和兽骨，上面刻有神秘的花纹。经专家们鉴定，这些神秘的花纹不是美术装饰而是一种古老的文字。这个地方原是殷代后期的首都，这些甲骨上的文字多是占卜的记录，所以又称为"卜辞"。殷商时代的贵族常常向上天请示：近期天气怎样？今年农业收成如何？出征是否能获胜？一些异常的天象是吉还是凶？等等。甲骨文是无比珍贵的历史资料，它记录了远在 3400 年前殷商时代的社会、经济、文化思想等各方面情况，其中还包括十分珍贵的天文历法方面的资料。

甲骨文

在已经发掘出来的殷代十几万片甲骨文里面，完整的卜辞上都记有干支。可知那时使用的已经是"干支记日法"，也就是用十个天干（甲、乙、丙、丁、戊、己、庚、辛、壬、癸）和十二地支（子、丑、寅、卯、辰、巳、午、未、申、酉、戌、亥）依次相配，组成甲子、乙丑、丙寅、丁卯等，用来记录日子。这在甲骨文中已有发现。

六十干支表，有"三旬式"，即从甲子到癸巳为止；还有种"六旬式"，即从甲子到癸亥。郭沫若先生认为殷人初制月份时，每月规规整整地设三十天，无大小月之别，所以十干与十二支相配，到三旬就已足用，后来才又配足为六旬。特别是甲骨片中有完整的六十干支表，上面没有火灼之痕，可见不是占卜用的，而是专门用来记日子的，可以看作是当时的一份"日历表"。别看这个方法简单，实际上是个很有价值的创造。假设我们没有记日子的方法，今天、明天、昨天、前天、后天、大前天、大后天还好记，而大前天的前天、大后天的后天等就不太容易说明白了。有了干支记日，只要选取某一天为开头，以后所有的日子便都可以称呼了。有了系统的干支记日法，就会逐渐建立起系统的历法来，也可以积累起连续不断的日期记录，而这又是得出朔望月与回归年的基础。后来，干支法不仅用来记日，而且还用来记月、年，尤其是记日、记年，数千年连续不断，一直沿用到现在。

从甲骨文中还可以看到，殷代已经有了闰月的设置：平年十二个月，闰年十三个月，大月三十天，小月二十九天。有块大龟版上刻有九个月的卜旬记录，如果每月都是三十天，而下旬的时期是癸日，则每月应有三个癸日。这版在十三月到一月里两个月里应有六个癸日，但却只记有五个，说明这两个月中必定有一个月是小月。甲骨文中有时还出现两个月都是大月的"频大月"现象。武丁时期的卜辞有不少"十三月"的记载，这就是"年终置闰法"。后来又采用"年中置闰"，而有了"冬八月""多八月""冬六月""冬五月"的刻辞。"冬"就是"终"，也就是"后"的意思。"冬六月""冬八月"也就是"后六月""后八月"，也就是"闰六月""闰八月"。"多"即"闰"的意思，所以"多八月"也就是"闰八月"了。卜辞中还有"十四月"的记载，这就是"一年再闰"的制度，这应是因为年误差和时令相差太远，所以用两个闰月来调节这种差异。这种一年再闰的制度，到了春秋时代就已绝迹。闰月的设置是太阴历的一项重大改革，有了闰月，太阴历就转化为阴阳合历，也就能在大的范围内基本上与依据太阳周年视运动而定的回归年相一致了。所谓大的范围，也就是说，实行太阴历两三年后，时令就明显地感到向后推迟了，于是就在当年的年末或适当的时刻再加上一个月（或两个月），这样来避免因年误差值积累而造成的时令相差甚远，以至于影响农业生产的缺陷。

当时，一年一般称为"祀"，个别的也有称为"年"或"岁"的。每年分为"禾季"和"麦季"，用以占卜。在"禾季"的前段占卜禾类的收成，在"麦季"的前段占卜麦类的收成。过去认为殷代有春、夏、秋、冬四季的划分，现在认为这是种误解，当时可能只分为春、秋两季。卜辞中的"今春"，"今秋"也就是今年的意思。春种、秋收是农业生产中非常重要的季节，

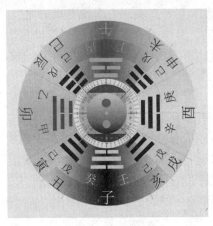

天干十六气位图

所以后来又用"春秋"来表示一年。这种方法直到西周以后的诸侯国还在使用，他们按年代来编写自己国家的历史，就叫"春秋"。商代一年的"年"叫作"祀"，这与商王在一年中不断举行祭祀有关。在一年的时间里，商王要在不同的时间举行各种不同的祭祀。祭完一遍一年的时间也就过去了，所以用"祀"来代表年。这与古书中所说的"夏曰岁，商曰祀，周曰年，唐虞曰载"是一致的。晚期卜辞中开始有纪年（早期仅记月、日），如"唯王二祀""唯王八祀"等，

也就是"商王二年""商王八年"的意思。殷代历法写的顺序是日、月、年，与今人以年、月、日为序的写法不同。商代的月名一般以一至十二（或十三、十四）的数字表示，甚至还有专名，如一月叫"食麦"，二月叫"父"等。有的学者还认为，当时已有了"夏至"的概念。有的学者认为，商代虽无明显的四季之分，但从商代观察天象、历法的周密程度来看，应该知道"二分二至"（即春分、秋分、夏至、冬至），否则闰月便无法安排。对这个问题还需要做进一步研究。

殷人记日，称当天的白天为"今日"，称当天的夜晚为"今夕"。称较近的未来时间（一旬之内）为"翌"，称较远的未来时间（一旬之外）为"来"，表示过去的日子为"昔"。从卜辞来看，殷人已将每天分成七个不同的时段，但并不是相等的七段，而是把白天分为六段，夜晚算为一段，从天黑到天亮叫作"夕"。天亮时叫"明"或"旦"，之后叫"大采""大食"或"朝"，大食、大采以后就到中午，叫作"中日"，中日以后太阳已偏西，叫"昃"；昃以后叫"小食"或"郭兮"；小食或郭兮以后叫"小采"或"昏""暮"，这时已是日落黄昏，所以也叫"昏落日"。《国语·鲁语》中说的"大采朝日"，"少采夕月"与卜辞所记相同。后世按十二地支将一天的时间分为十二段，殷代白天的六段时间则相当于后世的辰、巳、午、未、申、酉等六个时辰。可见，殷代的历法是比较细密完整的。

历法的发达是以对天象观察的进步为基础的。甲骨文里不但有很多关于风、云、雷、雨、雹等方面的记载，而且还有不少关于日月星辰的观察记录。

这说明早在 3000 多年前，我们的祖先对于天象的观测就已十分精细，有许多天象记录比外国要早得多。甲骨文中有三条关于日食的记录较完整，如《殷契佚存》第 374 片记载说："癸酉贞日夕又食，佳若？癸酉贞日夕又食，匪若？"意思是，癸酉这天进行占卜，黄昏有日食发生，这是吉利的征兆，还是不吉利的征兆？这是公元前十三世纪武乙时期牛胛骨上的卜辞，这条日食记录比巴比伦最早的日食记录（前 763 年）早了约 500 年。而月食记录则更多，如《篮室殷契征文》天二片上记有"旬壬申月又食"，《库方二氏藏甲骨卜辞》中记有"七日己未豆庚申月又食"等，都是公元前 12～14 世纪的月食记录，比埃及最早的月食记录早了 400 年以上。

甲骨文中记载的恒星名字有"大火""鸟"（当为"星宿一"，有人认为指大火星）等，商族以鸟为图腾，所以星名也多以"鸟"字为主。此外还有五大行星中的"大岁"（即太岁，指木星）。古人能观察到行星，必定对全天的恒星（至少对赤道、黄道附近的恒星）有了较清楚的了解，否则是观测不到行星的。此外还有关于"新星"的记录，如《殷墟书契后编》下的记载："七日己巳夕（有）新大星并火"，意思是说在七日（己巳）黄昏时有一颗大新星靠近大火星；《殷墟书契前编》七的记载"辛未生酿（没）新星"，意思是说在辛未这天新星消失了。欧洲发现的第一颗新星，是在公元前 134 年由希腊依巴谷记录下来的，比殷墟甲骨文的记录要晚 1000 多年。从甲骨文中所反映的天象和历法的情况来看，殷商时代的天文学，比起同时期的古代文化中心埃及、巴比伦、印度、墨西哥等，不仅毫不逊色，而且还更有特色，完全可以说居于世界的前列。

殷代社会已是高度发展的奴隶制国家，在成千上万的奴隶辛勤劳动的基础上，社会生产水平有了较大提高。如青铜的冶炼技术已相当发达，并出现了镀锡的铜器。殷墟中出土的绢织物也十分精致。出土的许多酒器表明殷人十分喜欢饮酒，说明当时的粮食已有很多剩余。甲骨文中有稻、稷、黍、粟、麦等字，农作物已具备了今天我国农业上的主要品种，说明当时的农业生产已有较大发展。而这正是殷商时代天文历法取得较大进展的"催化剂"。反过来也可以说，殷商时代的农业较新石器时代有了较大进展，这除了劳动组织和工具改进的因素之外，用历法来指导，适时播种耕作，不误农时，也是一个颇为重要的原因。当时已经有了比较成熟的文字，产生了一批具有较高文化水平和丰富知识的"知识分子"，这也是观测记录天象、促进天文学发展的一个有利条件。

知识链接

观象授时

"观象授时"，就是观察日、月、星辰，向人们预报季节时令的意思。在现代天文学十分发达的今天，观象授时的古老办法似乎没有什么意义了。然而，以追本求源的观点来看，观象授时在古代天文学发展史上却占有重要一页。可以毫不夸大地说，观象授时是产生古代科学天文学的过渡阶段，而且这个过渡阶段还是相当长的一段时间。因此，当我们在叙述我国古代天文学成就的时候，对观象授时应该做必要的介绍。

天文学在各门自然科学中发展得最早。因为正如恩格斯所说："必须研究自然科学各个部门发展的顺序。首先是天文学——游牧民族和农业民族为了定季节，就已经绝对需要天文学。"

我国是天文学发展最早的国家之一。当我们的祖先还处在以采集和渔猎为生的时代（约 60 万~1 万年前），对寒来暑往，月亮的圆缺，植物的生长、成熟和动物的活动规律，就积累了一定的知识。当逐渐进入到以农牧业为生的时代（约 1 万~4 千年前），人们便开始凭借物候来掌握农牧业的季节时令。比如，新中国成立前处于原始社会状态的云南省拉祜族，一看到蒿子花开就开始翻地，准备播种。在成年累月的劳动实践中，人们发现物候和天象的周期变化有着密切联系，于是，人们就开始注重观察星象了，这时的观测目标首先就是太阳。1972 年河南郑州市大河村仰韶文化遗址出土的彩陶片上，就绘有太阳纹图案，据考证它绘于五千年以前。1963 年山东莒县陵阳河大汶口文化遗址出土的灰色陶尊上（通高 62 厘米，口径29.5 厘米）绘有的图形，这个图绘应该是太阳、云气和山冈，看来陶尊是用作祭祀日出、祈保丰收的祭器。陶尊的年代距今大约有 4500年。对于其他星象的观测，大概最早的是红色的"大火"星(心宿二)，据传说早在颛顼时代就设有"火正"之官，专门负责观测"大火"星的出没，用以指导农业生产。根据推算，在公元前240年左右，黄昏时分"大火"星升出地平时，正好是春播季节的春分前后。所以，这一传说应该是可信的。如这种以观察星象预报季节的方法，我们称它为"观象授时"。

金文中的天文学

金文，是铸或刻在殷周青铜器上的古老文字，故又称钟鼎文。早期殷代的金文同甲骨文相似，晚期春秋战国时金文则与小篆相近。周代金文比较完整，字数也比较多，史料价值很高，其中包含大量有关年月日和月相的记载，对研究周代历法帮助很大。但关于月相的大量铭文引起了几千年的讨论，终未得结论，这主要是对初吉、生霸、死霸、既望等名词的解释不同。一种看法认为它们代表一个月中的某一天或两三天（定点说），另一种看法认为是代表一个胃中的四部分（四分月相说）。但从出土的青铜器上看，两种说法都不能做出完满的解释。于是有人提出另一种说法，认为生霸代表上半月，死霸是下半月，而初吉是代表第一个吉日，既望代表满月前后的几天。这些看法迄今为止尚没有定论，主要是资料不全面，所以还应继续等待条件的成熟。

知识链接

星坠至地则石也

在繁星密布的夜晚，仰观天空，常常会看到一道白光飞流而逝，这就是众所周知的流星现象，人们也称它为贼星。

有时候又可以看到，从天空中一个公共点有无数亮光四下飞流，这就是壮观的流星雨现象。我们以流星雨起始的公共点所在的星座名称，来命名该流星雨（群），如天琴座流星群、狮子座流星群等。

我们祖先对流星群、流星的记载，也早于其他国家。古书《竹书纪年》中记载有："夏帝癸十五年，夜中星陨如雨。"世界上最早的天琴座流星雨记录见于我国的《左传》："《鲁庄公七年夏四月辛卯夜，恒星不见，夜中星陨如雨。"对于公元461年（我国南北朝时代）出现的一次令人惊心动魄的天琴座流星雨，《宋书·天文志》作了十分精彩的记述："大明五年，……三月，月掩轩辕……有流星数千万，或长或短，或大或小，并西行，至晓而止。"

英仙座流星雨出现时的壮丽情景，读《新唐书·天文志》的记录令人感叹："开元二年五月乙卯晦，有星西北流，或如瓮，或如斗，贯北极，小者不可胜数，天星尽摇，至曙乃止。"

我国古代的流星雨记录达180次之多，其中天琴座流星雨的记录约10次，英仙座流星雨的记录约12次，狮子座流星雨的记录约7次。这些史料对于现代研究流星群轨道的演变，具有很大参考价值。

《诗经》 中的天文学

《诗经》是我国最早的一部诗歌总集，作于公元前11～6世纪，反映了西周和春秋时期大量的社会现象和民间史料，其中也包含了当时的天文知识，是一批较早的天文史料来源。

诗305篇中反映的天文知识可分成七个大类。如日月食记录，这里首次出现"朔"字，并留下了时间确切的最早日月食记录。恒星和行星知识，出现了许多星名，有火、箕、定（室、壁）、昴、毕、参、北斗、牵牛、织女，还有云汉（银河）；行星方面有启明、长庚、明星等名称；气象与天象之关系，如《诗经·小雅·渐渐之石》有"月离于毕，俾滂沱矣。"朱熹《诗集传》曰："月离毕，将雨之验也"。天文台和天文仪器制造，讲到利用立表测

《诗经》是诗集也是史集

景来定方向，盖宫室，营造灵台。历法和时间问题，在诗经中有大量反映，其中七月诗可算是一篇物候历，诗中有关四季、月霸、旬、朝夕、昼夜、辰的记事都很有价值。宇宙理论，反映了原始的天高地厚思想，这一思想在后代颇有影响。此外，反天命论的斗争精神在诗中也有不少反映，对天文学思想史的研究提供了资料。

知识链接

平气和定气

　　"平气"和"定气"是指二十四节气的划分方法。在古代很长一段时期内制历家是把岁实均匀地划分成二十四等分，比如《四分历》的岁实是365.25 日，那么每一个节气的时间约是（365.25/24）15.218 日，也就是说，每过大约 15.218 日就交一个节气。我们把这种划分节气的方法称作"平气"或"定气"。

地球围绕太阳运转的速度是不均匀的，在近日点前后运转快一些，而在远日点附近就慢一些。古人没有发现这种现象。北齐时代（约公元六世纪）天文学家张子信，曾经在一个海岛上做了三十余年天文观测，他终于发现太阳运动不均匀的现象。他指出："日行在春分后则迟，秋分后则速"（《隋书·天文志》）。

张子信的发现，对于改进历法颇有意义。首先运用这一成果改进历法的是隋朝的刘焯，他是从冬至开始，把周天均匀地分成二十四等分，即每个节气是365.25/24度。太阳每走到一个分点就叫一个节气。我们把这种节气划分法叫作"定气"。这样，每个节气太阳所在的位置就是固定不动的了，或者说每个节气太阳所走过的角度都是相等的。反之，太阳移行一个节气所需要的日数是不相等的。比如，冬至前后太阳运行速度快，走完一个节气只需14.718日。而夏至前后太阳运行速度慢，走完一个节气则长达15.732日。

刘焯在注历时使用定气法，但他的推算却与太阳实际运行的快慢不符，他认为春分、秋分离冬至均是88日多，离夏至均是93日多。而唐代一行的推算较为符合实际，他在《大衍历议·日躔盈缩略例》中指出："焯术于春分前一日最急，后一日最舒；秋分前一日最舒，后一日最急。舒急同于二至，而中间一日平行，其说非是。"一行还进一步指出："日南至，日行最急。急而渐损，至春分，及中。而后迟。至北日至，其行最舒。而渐益之。以至秋分，又及中。而后益急。"一行测得从冬至到春分六个节气，太阳运行了大约一个象限，共计91.73日。春分前后和秋分前后运行速度基本相同。

元代郭守敬等人制订《授时历》时，把日行最快点定在冬至，当时近点在冬至后不足1°，所以这个数值是相当精确的。郭守敬等人根据实测得知，从冬至到平春分前三日，太阳运行大约一个象限，共需88.91日；从平春分前三日到夏至，太阳也大约运行了一个象限，共需93.71日。

由以上的介绍可以知道,从虞喜发现太阳运行速度不均匀到刘焯采用定气法划分二十四节气之后，推算太阳位置和推算定气的方法越来越精密了。

　　制订历法采用定气划分二十四节气，无疑是个进步，但定气法对于民用历法来说却无关紧要，因为农事活动只要求有相对固定的标准把季节时令的变化和农事联系固定下来就可以了，而这种联系既可以采用平气系统，也可以采用定气系统，加上人们积久成习的影响，所以，在民用历本上一直仍然采用平气注历，一直到清代《时宪书》才开始用定气注历。

《周易》中的天文学

　　《周易》，又称《易经》或《易》，是我国最早的典籍之一，萌芽于殷周之际，逐渐发展成书。它通过阴爻和阳爻组成八卦，象征八种自然现象：乾天、坤地、震雷、巽风、坎水、离火、艮山、兑泽。又通过八卦的排列组成64卦，共384爻，本用于占卜。书中含有不少朴素辩证的命题，如认为阴阳的相互作用形成万物，"刚柔相推，变在其中矣"等。当然，也含有大量神秘主义的色彩，对后世影响极大。

　　《易经》对我国天文学思想和历法思想很有影响，占星术中的天人感应论和历法中的数字神秘主义都可以在《易经》中找到，所谓"天垂象，见吉凶"《系辞上》，"观乎天文，以察时变"（贲卦）的思想为后世深信不疑。还有"大衍之数五十，其用四十有九"，天数25，地数30，乾策216，坤策144等《系辞上》，在《三统历》中都成为许多数据的神秘来源。在宇宙起源的思辨中，"易有太极，是生两仪，两仪生四象，四象生八卦"《系辞上》的思想颇有影响。张衡关于宇宙的理解"过此而往者，未之或知也……宇宙之谓也"，其前两句系出自《系辞下》。《灵宪》中关于微星之数一千五百二十，也是出自《系辞上》的万物之数。近来，一些研究者发现，卜卦中可能有关于太阳黑子的描述，所谓"日中见斗"，"日中见沫"就是古代描述太阳黑子的几种形式。还有人指出，《易经》中可能还包含一种自然历，乾卦中的"潜龙勿用"，"九二：见龙在田，利见大人。九三：终日乾乾，夕惕若。九四：或跃在渊，夕惕若。九五：飞龙在天，上九：亢龙有悔。用九，群龙无首"等词的解释包含有农事季节的变化。总之，《周易》中的天文学含义是很值得研究的。

 知识链接

彝历

现在的彝历平年有 12 个月，闰年有 13 个月，属于阴阳历，置闰法也与汉历没有区别，但它以十二生肖纪年、纪月、纪日、纪时。

专家学者进行了多次实地调查，发现在彝族地区曾经普遍使用过一年分为 10 个阳历月的纯太阳历，并获得了几部用彝文写成的专著，其中出于滇南弥勒县的《天文历法史》誊抄于 1895 年，记叙了远古的彝族首领创立十月历的经过。研究表明，彝族十月历非常古老，现已证实它与《夏小正》同出一源。彝族自古以来一直使用十月历，直到明清改土归流以后才改用农历，但某些偏僻地区甚至到 1949 年仍在使用这种历法。

古彝历一年 10 个月，每月 36 天，共 360 天。以十二生肖循环纪日，即每月有三个生肖周，每年有 36 个生肖周。余下的 5 天或 6 天单独作为过年日。古彝历一年有两个新年，大年称为星回节，大致在汉历的十二月份；小年叫火把节，大致在汉历的六月份，大年与小年固定相差 185 天，整整半年。无大小月之分。整齐划一，是古彝历的重要特征。

在彝族古籍中，还记载了一年中日月行星的出没方位和日月食规律。彝族对星空的划分基本上按照二十八宿体系，已经命名过的星有 148 颗。在纳西族地区还流行着奇特的二十八宿和二十七宿轮流纪日的制度，即 28 天为大月，27 天为小月，循环交替。彝族地区稍有不同，以两个 27 天接一个 28 天作循环周期，平均月长 27.33 日。从天文学的角度看，这个月长相当于一个恒星月。恒星月纪日制度虽然在其他民族中不曾听说过，但在彝族和纳西族中的影响非常大。这种纪日制度一般仅用于宗教祭祀或占卜吉凶。至于恒星月纪日的起源和流传情况，还有待于进一步研究。

二十四史中天文律历诸志

　　自从司马迁著《史记》以来，就形成了历代为前代撰写史书的传统。从《史记》至《明史》共24部，总称二十四史，如加上《新元史》则称二十五史。清亡后曾撰写了《清史稿》一部，是未定之稿。在二十四史中不但记载历代史实，还有关于天文、律历的大量内容，是研究中国天文学史的主要资料来源。二十四史中有十七史专门著有天文、律历、五行、天象诸志（其中有十史的五行志与天文学无关），它们是：

　　《史记》：天官书、历书、律书；

　　《汉书》：天文志、律历志、五行志；

　　《后汉书》：天文志、律历志、五行志；

　　《晋书》：天文志、律历志；

　　《宋书》：天文志、历志、律志、五行志；

　　《南齐书》：天文志；

　　《魏书》：天象志、律历志；

　　《隋书》：天文志、律历志；

　　《旧唐书》：天文志、历志；

　　《新唐书》：天文志、历志；

　　《旧五代史》：天文志、历志；

　　《新五代史》：司天考；

　　《宋史》：天文志、律历志；

　　《辽史》：历象志；

　　《金史》：天文志、历志；

　　《元史》：天文志、历志；

　　《明史》：天文志、历志。

　　此外在《清史稿》中有时宪志，专讲时宪历法，可供参阅。

　　《史记·天官书》总结了西汉以前的天空知识，详细叙述全天星官星名，全天五宫及各

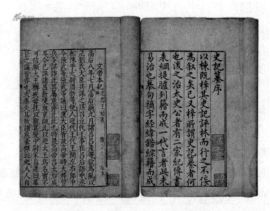

史书中也有关于历法的记载

宫恒星分布，共列出 90 多组星名、500 多星，但其名称往往与后世有异，为研究星名沿革提供了信息。《天官书》还指出北斗与各星宿相对应的关系，根据北斗的观测可判定各星宿的位置。关于恒星大小和颜色的描述表示了恒星的亮度与温度，这是我国古代有关恒星物理性质记载的难得资料。同时在《天官书》中还叙述了众多的天象、彗孛流陨、云气怪星等，描述了它们的形状和区别，并记下了"星坠至地则石也"的认识。此外，五大行星的运动规律、日月食的周期性、二十八宿与十二州分野都在这里有首次记载。

《汉书·天文志》，马续撰。关于全天恒星统计有 118 官、783 星，但其文字同于《史记·天官书》。其他关于五星运行，日有中道、月有九行、异常天象等均有同天官书相似者。但该志中详细记录了各种天象出现的时间，尤其是行星在恒星间的运行、太白昼见、彗孛出现的时间和方位。

《后汉书·天文志》，司马彪撰，也继续记载这一系列天象。两书的五行志则着重记述日食、月食、日晕、日珥、彗孛流陨之事，特别对日食的食分和时刻有详细记载，对太阳黑子出现的时间、形状做出了很有价值的描述，是早期天象记录的重要来源。

《晋书·天文志》，唐李淳风撰，是天官书以来最重要的一部天文学著作，虽比《宋书》《南齐书》《魏书》的天文、五行志晚出，但它的内容丰富，基本上是晋以前天文学史的一个总结。其中有关于天地结构的探讨，浑天盖天宣夜之说及其他三家论天学说之间的争论和责难；有各代所制浑象的结构、尺寸、沿革情况；有全天恒星的重新描述，计 283 官、1464 星，为陈卓总结甘石巫三家星以后直至明末之前我国恒星名数的定型之数；有银河所经过的星宿界限；十二次与州郡二十八宿之间的对应关系；还有各种天象的观测，首次指出"彗体无光，傅日而为光，故夕见则东指，晨见则西指"，正确认为彗星是因太阳而发光，彗尾总背向太阳的道理；最后还记录了大量天象，使历代天象记录延续不断。

《隋书·天文志》，亦李淳风所撰。关于天地结构、全天星宿的内容与晋志颇有相同之处，应该是出于一人一时之笔。但隋志详论浑仪之结构和踪迹，首次描述了前赵孔挺和北魏斛兰等人所铸浑仪，留下了早期浑仪结构的资料，十分难能可贵。《隋书》又论述了盖图、地中、晷景、漏刻等内容，记录了一日十时，夜分五更的制度。第一次列举交州、金陵、洛阳等地测影结果，指出"寸差千里"的说法与事实不符。书中还引述姜岌的发现，"日初出时，地有游气，故色赤而大，中天无游气，故色白而小"，这与蒙气差的道理相合。又引述张子信居海岛观测多年，发现太阳运动有快有慢，行星运动也不均匀，提出感召向背的原因来给予解释。这都是我国天文学史上的重要发现。

新旧唐书出于不同作者，详略各有不同，可互为参阅。两书天文志详论了北魏铁浑仪传至唐初已锈蚀不能使用，李淳风铸浑天黄道仪，确立了浑仪的三层规环结构，又考虑白道经常变化的现象，使白道可在黄道环上移动，后来一行、梁令瓒又铸黄道游仪，使黄道在赤道环上游动象征岁差。新旧唐书天文志记载了两仪的结构和下落，并列出了一行测量二十八宿去极度的结果，发现古今所测有系统性变化。两书天文志还记载了一行、南宫说等进行大地测量的情况和结果，发现"寸差千里"之谬，并发现南北两地的影长之差跟地点和季节均有关系，改以北极出地度来表示影差较为合适。两书天文志还以较大篇幅记载唐代各种天象，互有补充。特别应提出《旧唐书·天文志》记录了唐代天文机构的隶属关系和人员配置，相应的规章制度，尤其是规定司天官员不得与民间来往，使天文学逐渐成为皇室垄断的学问。这一资料对研究中国天文学史非常重要。新旧唐书天文志是晋志以后的重要著作。

新旧五代史也出自两人，仅记日月食、彗流陨之天象，然而旧史天文志较为详尽。

《宋史·天文志》卷帙浩繁，除详细叙述全天恒星、记录宋代各种天象外，卷一还介绍了北宋制造浑仪及水运浑象、仪象台的简况，有熙宁七年沈括所著浑仪议、浮漏议、景表议三篇论文的全文，都是天文学史的重要资料。

宋、辽、金三史以金史文笔最为简洁，但金史将天文仪器的内容放在历志里似无道理，它叙述了宋灭后北宋仪器悉归于金，并运至北京，屡遭损坏的情况，对仪器的沧桑变迁提供了有价值的史料。

《唐书·天文志》以后较为重要的当推《元史·天文志》，这里详细记述了郭守敬创制的多种仪器，元代四海测景的情况和结果，还有阿拉伯仪器的

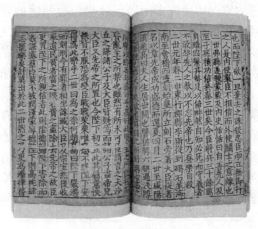

宋书中有明确的历法记载

传入，集中描述了七件西域仪器，是明以前对传入天文仪器最集中系统的资料。

《明史·天文志》则是中西天文学合流之后记述这一情势的重要资料，许多内容当采自崇祯历书。这里有第谷体系，日月行星与地球的距离数据，伽利略望远镜的最初发现，南天诸星北半球之中国不可见者，西方的一些天文仪器、黄道坐标系，等等。当然，各天文志中均有传统的天象记录，保证了中国古天象记录的完整性。

二十四史律历志中的律主要内容是音律，与天文学关系似乎不密切，故目前天文史界对此很少研究。历是中国天文学史的主要内容，各史历志是有关中国历法史的资料源泉。从史记历书以来，各史中均详细记载了一些历法的基本数据和推算方法，还有相应的历法沿革、理论问题等。

除此之外，不少历志中还有一些其他历法的基本数据和有关内容，可以了解这些历法的大体情况。在历法推算之外还有一些有关历法沿革和改历背景方面的资料，《后汉书》中有太初历与四分历兴废时期的情况，如贾逵论历、永元论历、延光论历、汉安论历、熹平论历、论月食等篇；《宋书·历志》中有祖冲之与戴法兴关于历法理论问题的辩论；《新唐书·历志》中有大衍历议；《元史·历志》中有授时历议；《明史·历志》中有历法沿革、大统历法等，这些都是很重要的篇章。对于研究中国历法史来说，这些都是必不可少的资料。当然，要逐一弄懂弄通这些内容非一时可就，这其中有的资料本身因年湮代久、传写讹误缺漏造成的疑难，也有古人讨论问题的背景不清等因素，因而许多问题至今仍没有明确的看法和解释，如《三统历》中的世经、大衍历议中日度议等，都有许多困难之处。但是，对于历法的推算，只要按期选出若干典型历法，做解剖麻雀式的精读、分析，还是可以逐一了解这些历法的原理和步算方法，达到贯通目的的。

二十四史中除上面列举的天文、律历、天象、五行诸志外，还有一些篇章中也有关于天文学的内容，如帝纪中就有不少重要的天象记录以及这些天象发生前后的一些情况，在礼、祭祀、职官、经籍、艺文等志中有天文机构、天象祭祀、天文书籍的资料；在列传中的方技、儒林、艺术、文苑、文学等部分有许多天文学家的传记，为研究天文学家和他们的著作、贡献提供了依据。因此，二十四史确实是中国天文学史的资料宝库。

知识链接

宇宙和天体

　　人类居住和生活的地球，在广阔无垠、包罗万象的宇宙中不过是一颗微不足道的小星球。今天，这已成为一般人所了解的常识。那么，我们的祖先对这一问题又是如何认识的呢？

　　早在战国时期，一些学者已产生关于"宇宙"时空无限性的概念。在尸佼（约公元前390—330年）著的《尸子》中，曾给宇宙下了一个科学的定义。他说："四方上下曰宇，往古来今曰宙"。意思是"宇"指四方上下的一切空间，而"宙"是包括过去、现在、未来的时间。到了汉代，人们对空间无限性有了进一步认识。王充提出"天去人高远，其气苍茫无端末"，说明了天的空间是无头无尾的，而且到处都有"气"存在。郗萌所提倡的"宣夜说"，认为天没有形状，"高远无极"，日月星辰都飘浮在天空。凡此种种，都表明了当时朴素的无限宇宙概念。

　　在光明灿烂的太阳上，有时会出现一些黑色斑点，称为"太阳黑子"。1613年，伽利略用显微镜观察到这一现象，在结果公开发表时才正式提出"太阳黑子"这一名称。而我国古代天文学家，在全靠目力观察的艰难条件下，利用日出日落蒙气掩光的时间，或采用油盆反射日影的方法，对太阳黑子进行了观测和研究。《汉书·五行志》记载："河平元年（公元前28年）……三月乙未，日出黄，有黑气大如钱，居日中央。"这段文字，把黑子产生的时间、形状和位置都叙述得十分清楚，是现今世界上公认的太阳黑子的最早记录。从汉代到明代的1600多年间，史籍有关太阳黑子的记载达百次以上，充分说明了我国古代观测黑子的巨大成绩。美国天文学家海耳曾经评论说："中国古人测天的精勤，十分惊人，黑子的观测，远在西人之前大约2000年，历史记载不绝，而且相传颇确实，自然是可以征信的。"

　　地球是圆形的，并不断地进行着自转与公转。这一道理，对于处在科学尚不发达时代的古人来说，似乎应当是十分神秘而不可理解的。然而，我们的祖先却远在 2000 以前就初步认识到了这一规律，令人钦佩不已。据古籍记载，大约在公元前 370—310 年间，学者惠施曾经说过这样一句话："我知天下之中央，燕之北越之南也。""天下之中央"就是指大地的中心，而"燕"在北方，"越"在南方，若大地中心是由燕、越分别向北向南延伸的汇合点，只有把大地看作球形才能解释得通。惠施的话虽然讲得有些模糊难懂，但表明他当时已具有朴素的地圆思想。到了汉代，张衡等人总结和发展了前代的"浑天说"，运用生动的譬喻，把整个太空比作一个鸡蛋，把所有天体都比作圆圆的弹丸，把地球比作蛋黄。这样大胆的设想、科学的论断，在当时的世界上是罕见的。

第二节
古代天文学考古

 ## 从出土文物谈起

我国是世界上天文学发展最早的国家之一。我国的天文学是从什么时候开始孕育、发芽的呢？恩格斯曾从历史的高度概括了自然科学各部门发展的先后次序，并科学地指出："首先是天文学——游牧民族和农业民族为了定季节，就已经绝对需要它。"我国的天文学也是最先发展起来的一门科学，早在原始社会的晚期就已经开始在祖国的肥田沃土中孕发。这可以从出土文物中得到证明。

早在 8000 年前的裴李岗文化时期的遗址中，就出土了许多农业生产工具和谷物加工工具，如石铲、石镰、石磨盘及磨棒。在新石器时代早期的武安磁山遗址的窖穴中，还发现了许多堆积的粮食。这都是当时农业已经比较发达的证明。只有在掌握了一定的天文知识的条件下，农业才会产生。这就间接说明了当时可能已经有了一定的自然历。进入仰韶文化时期，农业生产有了进一步发展，农作物除了粟以外，还种植了麻、蔬菜和藕。在距今 6000 多年前的西安半坡遗址中，就发掘出各种生产工具和生活用具近万件，比较完整的房屋遗迹就有 40 多座，储物地窖 200 多个，其中有的地窖保存着谷子的朽壳层就有 18 厘米厚。差不多也是这个时期，长江流域的居民也已大量栽培粳稻。在浙江余姚一带和湖北等地，都已经发现了保存着大量稻壳的新石器时代遗址，可以想象当时的农业生产已经颇为发达，人们对于天文现象已经有了不少认识。

　　对于远古时代的人类来说，天上的日月星辰是指导他们生活和生产的标记，所以他们对于星象比现代的人们感觉更为亲切。特别是太阳和月亮，在人们的眼中格外大而明亮，更是和人类关系非常密切的两个星球，也是最先诱使人们从事天文观测的两个天体。太阳早晨慢慢从东方升起，傍晚又从西方悄悄落下，古人们日出而作，日入而归，所以由此产生了"昼夜"和"日"的概念。从这一次日出到下一次日出，或从这一次日落到下一次日落，这就是一个天然的时间周期，也就是"一日"。"日"字在甲骨文和金文中都

大汶口文化遗址

是一个象形字（甲骨中仅仅因为刻画不易，变作了方形或六角形），意思就是太阳。由此上推，太阳的初名应该就是"日"。表示时间的"日"和表示太阳的"日"同名，也可看出表示时间的"日"就应该来源于表示太阳的"日"，来源于对太阳出没周期的观察。这个由此产生的"日"，又是一个最基本的时间单位，也是古人头脑中最先形成的一个时间概念，其他所有的时间单位都可以看作是这个"日"的累积和分化。

原始人要寻找水源，外出后要返回原地，这就要有方向的概念。古代的游牧民族可以不知道确切的季节，但不能分辨不出方向，原始人最初就是依靠太阳来辨别方向的。他们起初只能辨别东方和西方，把日出的方向称为东，日落的方向称为西，而后才又产生了南、北方向的概念。如云南的佤族起初就只认识东、西两个方向，称东为"里斯埃"，称西为"吉里斯埃"（即"里斯埃"的相反方向）。在半坡遗址和其他一些古代文化的遗址中，房屋都有一定的方向，氏族墓地上墓穴的方向也都相同。江苏邳县大墩子墓地积有五层墓葬，早期的埋在下面而晚期的埋在上面，但各期的墓葬方向都大体一致。可以想象，远在新石器时代，我们的祖先就已经学会确定方向了。在磁针发明之前，这只有依靠观测天象才能办到，而最初应当是依靠观察太阳来确定方向的，很久以后才又学会了依靠北极星等来辨别方位。

月亮的圆缺变化，非常明显，也是最能引起人们注意的天象。在没有灯烛的远古时代更显得重要：晴明的月色可以减少古人对夜晚的恐惧，渔猎、放牧和某些农事活动也可利用晴明的月色进行；即使到了可用火来照明的时代，也可见到月亮圆缺有无对于人民生活的影响。如《汉书·匈奴传》中说："举事常随月，盛壮以攻战，月亏则退兵。"行军打仗也要利用月色，反映了游牧民族生活习俗与月相的密切关系。古人通过对月相变化的长期观察，很早就形成了对月相周期变化的朦胧概念。月相变化很明显，每天都不一样，变化的周期又不算很长，这也是原始人类比较容易认识和掌握的，于是月相变化的一个周期"月"就成为原始人类普遍使用的，比起"日"来较长用的时间单位。在甲骨文和金文中，"月"都为弯月之形，是月亮的象形字，后被用来表示月相变化的一个周期。可见表示时间的"月"来源于表示天体月亮的"月"，来源于对月相变化周期的观察。当然，在人类社会的早期，对月亮圆缺一次到底是多少天可能并没有弄得很准确，但这也不太重要，因为古人对时间的概念起初要求并不那么严格，何况比起不认识"月"这个时间周期来已显得相对"准确"多了。直到今天，藏族人与人约会的时间，还有"几个月圆之后"的说法。阿细人每逢月圆就跳舞唱歌，叫作"跳月"。这都是古代观察月相以定时日的习俗吧。传说尧为天子时，有种叫荚荚的草生在宫廷，每月从初一起，每天结一荚，到月半共结 15 个，从十六日开始又每天落一荚，如果是大月（30 天）就落光，如果是小月（29 天）就剩一荚枯萎在上。这个传说也反映了古人对朔望月有了一定认识。

在郑州大河村仰韶文化遗址中，出土的彩陶上绘有与天文星象有关的太阳纹、月亮纹、日晕纹、星座纹等图案。它的太阳纹图案，由圆圈和周围的长短射线组成，绘得光芒四射，形象逼真。月亮纹有圆月和新月两种，它是这一时期人们对月亮经过长期观察而发现的，在其转动的周期所出现盈亏不同月相的形象写照。在甘肃积石山出土的一件已残破的陶盆，里面绘有两个同心圆，其中有两个新月，有人认为这是表示"日往则月来"的图像。在山东大汶口遗址中，发现了一些 5800 年前的陶壶和陶缸，有的上面刻有"和"的图案，有人认为这分别是繁体和简体的"旦"字，也有人认为是"炅"字，意思是"热"，这无疑反映了古人对太阳、云彩和山冈的观察，也表现了我们的祖先对日月观察的重视，说明我国的古天文学是由对日月的观察而逐渐萌发起来的。

我们的祖先慢慢注意到，大自然的变化与白天黑夜、月亮圆缺一样，也有一定规律：天气变冷时，树叶落、花草枯、河水结冰，有时还大雪纷扬，野兽也躲藏起来；天气变暖时，树木发芽，花又开了，各种动物又出来活动；渐渐地，野生植物的种子成熟，树林里又挂满了野果。这样一次次地周而复始，人们慢慢地发现了一个比"月"更长的时间周期，这就是原始人朦胧感到的"年"。原始人类最早就是根据大地上的各种自然现象来认识到季节变化的，这就是所谓的"物候"。《后汉书·乌桓鲜卑传》说："见鸟兽孳乳，以别四节。"《魏书》卷 101 记宕昌羌族说："俗无文字，但候草木荣落，记其岁时。"从他们身上可以想想华夏民族一定也经历了一个漫长的"物候观测"阶段。农耕生产要求人们对季节变化规律的掌握越严格越好，而"物候观测"就显得太粗略了，于是，人们又开始了更进一步的天象观测。他们注意到不同季节太阳出没的地点是不相同的。在《山海经》中就记载了六座日出之山和六座日入之山。郑文光认为，这六对太阳出入的山，"实际上反映了一年内十二个月太阳出入于不同的方位，有经验的人完全可以据此判断出月份来。"吕子方也说："我认为，这是远古的人类，每天观察太阳出入何处，用来定季节以便耕作的资料，这是历法的前身。"大河村遗址有一件复原陶钵的肩部，

山海图

绘有 12 个太阳的图案，可能象征一年有 12 个月。而这一年的周期，则是根据太阳的方位来确定的。

古人经过长期观察，还注意到：在不同的季节，天空所出现的星群是不相同的。在每晚的同一时刻观察这些星群的方位，则发现随着季节的更替它们在不断地向西推移，并且做着周期性的变化。人们慢慢明白到季节的变化与星象的出没有关，并且进一步认识到，以星象的出没来定季节比用物候或太阳来定季节更为准确可靠。不同的民族用来定季节的星象是不相同的，如古埃及的人们发现，当天狼星与太阳一起晨升的时候，就预示着尼罗河就要泛滥，而古埃及人民是每年在尼罗河泛滥的沃土上播种的，所以马克思说："计算尼罗河水的涨落期的需要，产生了埃及的天文学。"（《资本论》）我国古代则以观测红色亮星"大火"（即心宿二）为主。《左传·襄公九年》记载说："陶唐氏之火正阏伯居商丘，祀大火，而火纪时焉。"陶唐氏，即传说中的帝尧，其时代约在 4000 多年以前。《左传》中还说："炎帝氏以火纪，是以火师而火名。"透露了炎帝族也是以观测"火星"来决定季节的。《尚书·尧典》以星宿、虚宿、昴宿、心宿（四仲中星）来决定四季。《尧典》虽为后人托作，但其中包含了夏代以前的资料是没有问题的。夏代以前据星辰出没以定未必有四季这样准确，但有这种原始的据星辰以定季节的方法也是可以肯定的。大河村遗址陶器上的星座图的星虽已残缺不全，但从残存的三个圆点的排列形状来看，可能是北斗星的尾部。北斗星在不同的季节，方位有所变化。原始人可能在长期观察中发现了这一规律，开始利用它来作为判定季节的标准。《尧典》中还说："期三百有六旬有六日"，意思是说一年共有360天。当然，4000多年以前未必能认识到一个"回归年"有366天，但大体认识到"年"这个时间周期是肯定无疑的。相传黄帝时已创造了历法，"迎日推策"，即每天太阳升起的时候，翻过一张竹片，用以记载时日，说明原始人早就有粗略的年、月、日的概念。对于农事活动来说，"年"是一个更重要的时间周期，这是原始人类长期从事农牧业生产的结晶。

但是，不论是根据物候来确定农时，还是观察天象以定季节，都还不是建立在精确计算和系统观测的基础之上的，这是由于原始时代生产力低下，人人必须参加劳动，所获得的天文知识都还是直观的、感性的、片面的和零星的。在整个原始社会时代，天文知识始终只是具有生产经验的性质，只能停留在还未能上升为独立学科的萌芽状态。但它毕竟是天文学的萌芽，是人类探索天体运动规律的起点。

 知识链接

苗 历

传说苗族古历原称子历，后改称苗历。实地调查发现，在200多年前，湖南西部的苗族居住区不用汉历而用自己的苗历。

古苗历以冬至为岁首，平年含12个月，其中前两个月有专门的名称，分别叫作动月和偏月。从第三个月开始，从一到十排序，比如第三个月叫一月，第四个月叫二月，……第十二个月叫十月。每个月有确定的日数：动月和偏月各28天，其余10个月均为30天。古苗历每三年设置一个闰月，用置闰的办法来调整与季节的关系。这样平年日数为356天，闰年日数384天，平均年长为365.3天，所以苗历基本上属于阴阳历。

出土文物中的天文学

我国历史悠久，幅员广大，地下埋藏着无数历史文物，随着考古发掘和文物保管鉴定技术的提高，大量极有价值的文物不断出土，给史学研究提供了丰富的资料源泉。出土文物往往能使一些久悬未决的问题得以迎刃而解，也能使一些不甚清晰的问题得到足够的证据。因此，史学研究者都特别重视出土文物的价值，并给以极大的关注。

天文学史的研究也不例外，出土文物中有关天文学史的资料也是极有价值的，这些文物大致可分为三类：第一类是实物资料，往往跟天文仪器有关；第二类是图像资料，往往跟星图、天象有关；第三类是文字资料，涉及天文学史的许多方面。在实物资料方面，西汉时代的日晷残石，西汉铜漏壶，西汉初年的二十八宿圆盘及支架，东汉的可折叠铜圭表，都是关于天文仪器的重要文物。图像资料方面，原始社会崖画中的天文知识，石器上的星象彩绘，战国时代漆箱盖上的二十八宿和北斗图，西汉马王堆的彗星图，东汉画像砖

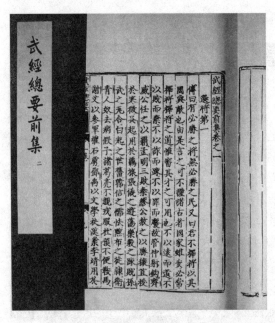

《武经总要》中有关于时刻的记载

上的星象图，武梁祠石刻中的北斗图，北魏墓葬中的全天星象图，唐墓中的青龙、白虎图，辽墓中的中西合璧星图等，此外还有许多墓葬中的壁画，墓志盖上象征性的星象图，都很有价值。文字资料方面，从甲骨、铜器铭文出土以来不断有新的发现，西汉初年马王堆帛书《五星占》，西汉竹简中的历谱，吐鲁番墓碑和出土文书中的记年历法片段，等等。总之，出土文物还在不断出现，每一件新出土的文物资料都会使天文学史的研究取得新的进展。

最后，关于中国天文学史的资料，除了上面介绍的这些

外，还应提及浩如烟海的中国古代典籍，这需要治史者去勤奋耕耘。从唐代开始我国各类书中就出现了有关天文学的记载，如《初学记》就收集了不少漏壶的资料；宋代的《玉海》，有关于星图、天文书、历法、仪象、圭表、漏壶等方面的资料；尤其是清代的《古今图书集成》，其中历法典和乾象典收集了历代大量的天文历法原始资料。

古代典籍的经、史、子、集四大部中，子部和史部有关天文历法的东西颇多，子部专门有天文算法类、历法类，是专讲天文历算的书。其他各类中也有涉及天文的，如兵家类的《虎钤经》《武经总要》讲到时刻制度、漏壶、黄道十二宫，《武备志》中提到天文导航、郑和航海图等。史部中除正史外，还有许多编年史，如《资治通鉴》《续资治通鉴长编》《续资治通鉴》历代皇帝的《实录》、各朝的《会要》，其中都有大量的天象记录。此外，著名的《十通》《文献通考》的象续考，《通志》的天文略中都有大量天象和恒星测量资料，《清朝通志》中有关于天文仪器、历法等方面的资料。

由于古代历史的变迁，许多书已经失传，明、清两代不少人从散见于各种典籍中的片断辑录出一些佚失的书，如《古微书》《玉函山房辑佚书》《经典集林》等，其中也多有关于天文学方面的资料。近年来，我国各省区县的地方志受到了重视，其中的天文历法资料得到整理，1988 年 7 月由江苏科技出版社出版的《中国古代天象记录总表》和《地方志中的天文史料》两本书，对于研究中国天文学史，特别是古代天象记录的应用提供了大量丰富的史料。

对于古代的资料，总有一个辨伪和校勘的问题，这是因为在长期的流传当中，抄写、刻版会发生意想不到的错误、前后颠倒和遗漏，在使用时一定要审慎。

以上只是简略地提及一些较为重要的或资料较为集中的天文书籍，要全面开列一个中国古代天文典籍的书目是不容易的，不过这里倒是可以介绍一本这方面的目录书：《四部总录天文编》。该书包括五部分：①四部总录子部天文类；②补遗；③善本书籍经眼录；④算学考初编补注；⑤若水斋古今算学书录补注。五部分所收天文历算书目约 500 种，对各书有简单的内容介绍和版本流行说明，对初学者不无裨益。

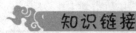 知识链接

更点制度

　　更点制度，在中国古代十分流行。在古代，几乎每个县城都建有鼓楼，用于击鼓报时。提起更点制度，几乎每一个人都知道是用于夜间报时的。但若问起中国古代夜间为什么要以五更来记时，五更的起点和终点是何时，甚至五更如何计算？可能很多人都说不清楚。

　　中国古代五更记时开始得很早，汉代的《汉旧仪》就有甲夜、乙夜、丙夜、丁夜、戊夜的记载。《晋书》中就有"丙夜一筹"的记载，"丙夜一筹"就是后世的三更一点，可见晋代就已有了更点制度。《隋书·天文志》在追述先秦漏刻时说："昼有朝、有禺、有中、有晡、有夕，夜有甲、乙、丙、丁、戊。"看来先秦时存在过将一昼夜分为10个时段的制度，白天和黑夜各占五个时段。

　　汉代的《五经要义》说："日入后漏三刻为昏，日出前漏三刻为明。"这是西汉关于昏旦的定义，后来就改为二刻半。《唐书》载"以昏刻加日入辰刻，得甲夜初刻"，可见五更终始于昏旦时刻。由此可知，将每夜分为五更，又将每更分为五点，则只需将夜间时刻除以五，便得每更时刻；又将每更时刻再除以五，便得每点时刻。由于白昼和黑夜时刻的长短均随季节变化而变化，所以古代的每一部历法都测定有各个节气的昏旦时刻表，以供人们推算更点时刻使用。

　　明白了夜间时刻随着季节而变化的道理，可知每更每点的时间都是不固定的，所以，有的书上说一更等于两小时，这个说法不准确。计算表明，冬至时一更为11刻，夏至时为7刻，其余季节介于这两个刻数中间。每点也介于20~30分钟之间。

对于宇宙的理性思考

我们古代不但有丰富多彩的天象观测资料，而且有十分丰富卓越的宇宙理论。我们的祖先对着茫茫的宇宙和各种天体惊奇、疑问、思考，并试图做出理论性的回答。伟大的诗人屈原在《天问》中，一口气提出了170多个问题，其中有不少就是关于宇宙、天体的，可见我们的古人对于宇宙和天体是多么注重思辨式的探究。

神话中有个共工，因为与颛顼争做帝王，怒而触不周山，使得天柱折，地维绝，天向西北方倾斜，所以日月星辰都向那儿移去，而地则于东南方低陷，所以江河里的水都流向了那里。原始人类对于宇宙结构有一种朴素的想象：大地是平整的，上面有山林河谷，天则像一口锅倒扣在上面，日月星辰附于上面而运行不息，这就是"天圆地方"的宇宙结构说。用后人的话说，则是"天圆如张盖，地方如棋局"。这种宇宙体系反映了早期人类对天地最直观、最质朴的看法。后来，古人又认为天这个"锅"并不是紧紧扣在地面上的，而是有八根柱子撑着，这八根擎天柱就是八座大山，位于西北方的叫不周山，共工把不周山这个擎天柱撞折了，所以弄得天塌地陷。大约在西周时代，在"天圆地方说"的基础上又逐渐形成了"盖天说"。这种学说认为天穹像个斗笠，大地像个倒扣的盘子，北极是天的最高点，四面下垂，日月星辰交替出没，因而形成了昼夜的变化。它还有一整套天高、地广的数据等。它特别指出，"天地各中高外下"，这都把大地是平直的认识变成了拱形的认识，这是一个很大的进步。在这个基础上，才有可能逐步演变到大地是一个球形的认识。

战国时代学术思想比较活跃，有关宇宙理论方面萌发了许多有价值的东西。如《庄子·逍遥游》认为天空是辽阔无边的，其颜色青苍是因为深邃幽远，这对盖天说所主张的天是个斗笠般的外壳无疑有所否定。《庄子·天运篇》对大地是固定不动的说法提出了怀疑。《尸子》中甚至认识到大地在自转："天左舒而起牵牛，地右辟而起毕昂"，这是说天和地在作反方向的相对旋转。

晚清木雕水神共工

李斯在《仓颉篇》中说："地日行一度，风轮扶之。"不但明确指出大地在运动，而且指出了运行的数值。汉代的《尚书纬·考灵曜》则把大地在空中的运行描述得更具体了："地有四游，冬至地上北而西三万里，夏至地上南而东三万里，春秋二分其中矣。"并且还进而说明了大地运动为什么上面的人却不易察觉："地恒动不止，而人不知，譬如人在大舟中，闭牖而坐，舟行不觉也。"十分凑巧的是，后来的哥白尼在叙述地球运动时，也用了人坐在船上的比喻。可见，我们的祖先关于地球运动的思想很早就产生了，可惜后来没有得到发展，所以我们的古天文学一直也未能出现地球绕日公转的概念。

《墨子·经上》中说："宇，弥异所也。"意思是说宇就是无所不包的空间；又说："久，弥异时也。"久，包括一切时间。宇宙就是无限空间和无限时间的统一。《尸子》中说得更明确："四方上下曰宇，往古来今曰宙。"而欧洲在中古以前，对于宇宙的定义还仅指无所不包的空间及其中的各式各样的天体，完全没有时间的因素。直到20世纪初，爱因斯坦才把时间容纳进去，构成所谓"四元论"，或说"四维时空"（三维空间和一维时间的统一）。这个四维时空准确地表述了一个运动中的宇宙。

随着天文学的进一步发展，又出现了一种叫作"浑天说"的宇宙结构理论，汉代的张衡在《浑天仪图注》中说："浑天如鸡子。天体圆如弹丸，地如鸡中黄，孤居于内，天大而地小，天表里有水，天之包地，犹壳之裹黄。天地各乘气而立，载水而浮。"它肯定大地是个球形，"地如鸡中黄"。这在人类认识宇宙的历史上是很了不起的。"浑天说"把整个天体设想为一个如鸡子的天球也很有价值，这个天球后来成了真正科学天文学的基础。"浑天说"比起"盖天说"来，的确是个很大的进步。就拿观察天体的视运动来说吧，按照浑天体系解释要精确得多。后来"浑天说"成为我国古代正统的天文学体系，取代了"盖天说"，原因也就在于此。

浑天仪是浑天说的产物

天地是怎样演化而来的呢？著名的神话盘古开天辟地，就说宇宙原来的样子是"混沌"一团。这"混沌"，在我们古代常被认为是一团朦胧不分的，无定型的气，也叫"元气"，这是宇宙万物的本原。《淮南子·天文篇》就说日月星辰等都是由这种"气"构成的。《列子·天瑞》也说：

"日月星辰亦积气中之有光耀者。"这是一种很值得称道的思想，在当时来看已经是很有科学眼光了。现代恒星演化学说也认为恒星是从弥漫星云中生成的。

由宇宙到处都是充满气体的无限空间这个基本点出发，又产生了一种"宣夜学"的宇宙理论。"宣夜"两个字的意义已无法弄清楚了，东晋的虞喜说："宣，明也；夜，幽也。"清代的邹伯奇猜想说："宣劳午夜，斯为谈天家之宣夜乎？"我们知道这是一种认为宇宙是无限的学说就可以了。《晋书·天文志》中载有东汉秘书郎郗萌记述的这种主张。"宣夜说"认为，所谓的天，只是无边无际的气体，那青苍的颜色不是天壳，而是因为高远无极使人看起来像有颜色的壳罢了。这样，天的界限被打破了，一切人为的天的高度都被否定，展现在人们面前的只有茫无边际、无穷无尽的宇宙空间。就宇宙理论来说，"宣夜说"达到了很高水平，它提出了一个朴素的无限宇宙的概念，有人说它"是我国历史上最有卓见的宇宙无限思想"。英国科学家李约瑟也十分称许这种宇宙理论，他认为"中国这种在无限的空间中飘浮着稀疏的天体的看法，要比欧洲的水晶球概念先进得多"。但是，从观测天体的角度来看，"宣夜说"却不如"浑天说"的价值大，因为后者能十分近似地说明日月五星的运行，而前者只说它们"或逝或往，或顺或逆，伏见无常，进退不同"，却没能说明其运行的规律性。修订历法时，"浑天说"有重要的实用意义，而"宣夜说"则仅仅具有理论意义，这也就是"宣夜说"在历史上不如"浑天说"影响大的重要原因。

在"宣夜说"的发展过程中，曾产生过一个很有趣味的问题：既然日月星辰都浮在气中，它们会不会掉下来？这就是"杞人忧天"的故事产生的背景。故事说有位杞国人听说日月星辰是在天空中飘浮的，就担心它们会掉下来，造成天塌地陷，所以终日惶惶不安。有人就劝解他说：日月星宿也是由气体构成的，不过发光罢了，即使掉下来也没什么。并说大地是土块的积合，到处都被塞满，也不要担心会毁坏。可贵的是作者还借长庐子的口说："忧其坏者，诚为大远；言其不坏者，亦为未是。"这是一种很有眼光的辩证思想。当时有杞人这种"忧天倾"思想的人还不少，所以晋代的虞喜又出来作了篇《安天论》，其用意是想解除人们的忧虑。

宇宙在空间和时间上的无限性，我们的古人有着非常精彩的论述。如唐代的柳宗元在回答屈原《天问》的《天对》一文中，提出了宇宙既无边界也无中心的真正无限的概念，对以前讲无限往往以自身为中心和以现在为中心的时空观提出了批评，并说："无中、无旁，乌际乎天则！"即说宇宙是没有

迄今为止人们也没有认清宇宙

中心，没有旁侧，也没有边际的。元代的进步思想家邓牧在《超然观记》一文中称，我们所见到的天地确实不小，但在整个宇宙中不过是极小的部分，如沧海一粟，论述了宇宙在空间中的无限性。而元代的另一本小书《琅环记》，则借两位仙人的对话表述了宇宙在时间上的无限性。姑射仙女问：天地会毁坏吗？九天先生回答说：天地也是一种物体，每个物体都要毁坏，天地怎么不会毁坏呢？姑射仙女又问：既然会毁坏，那么还会重新生成吗？九天先生回答：如果一人在这里死去，难道就没有其他人在另一地方出生吗？星星和大地在这里毁坏了，难道不会有其他天体在别的地方生成吗？姑射仙女又问：人有彼此，我们在这里所看见的星星和大地难道在别的地方也有吗？九天先生答道：譬如蛔虫藏在一个人的肚子里，它只知道这一个人，而不知这个人之外还有许多人；我们也像蛔虫居住在我们所见到的天地之中，殊不知在我们所见到的天地之外还有更多的天地呢！实际上天地永远都在产生和消亡之中。这些思想是我国古代宇宙无限思想的进一步发展。

知识链接

恒星占

恒星也有独立的占法，大致可分为二十八宿占和中官占、外官占。占星家不停地对各个星座进行细致的观察，观看其有无变动。一有动向，便预示着人间社会的一种变化。举例说，占星家认为，尾星是主水的，又是主君臣的，当尾星明亮时，皇帝就有喜事，五谷丰收。不明时，皇帝就有忧虑，五谷歉收。如果尾星摇动，就会出现君臣不和的现象。又如，天狼星的颜色发生变化，就说明天下的盗贼多。南方的老人星出现了，就是天下太平的象征。看不到老人星，就有可能出现兵乱。

少数民族的天文历法

我国是一个统一的多民族国家，除汉族以外，还有五十多个兄弟民族。他们所分布的地域占我国领土总面积的50%左右。各兄弟民族在长期的接触和交流的历史进程中，共同创造和发展了中华民族的灿烂文化。他们的天文历法在长期的发展过程中，既吸收了不少汉族和近邻国家的天文学成果，也带有本民族的显著特色，由于他们的社会发展阶段不同、文化水准不同，天文历法知识的深浅程度也不相同，这些各有特色的天文历法知识在我们面前展现了天文历法发展史的一幅鲜活的蓝图，有的可以说是研究古天文学的起源和演变的"活化石"。它们都是祖国文化宝库中的珍贵财富。

兄弟民族在世世代代的农牧业生产和日常生活中积累了丰富多彩的天文历法知识，有不少的文字记载；有些没有文字的民族，他们的天文历法知识也以口头形式代代相传，有许多一直流传到今天。

少数民族经历了利用天象来辨别方向的阶段，最初大多是根据太阳的升落来确定方位的，而最先只是粗浅地认识东、西两个方向。如在基诺语中、哈尼语中、拉祜语和佤语中，东和西都是"日出"和"日落"的意思。可见他们是以日出和日落来确定东西方向的，进而才又认识了四方或八方。黎族在与外界接触很少的合亩制地区，语言中就没有东西南北四个词汇，他们辨别方位就是根据太阳的视位置，把东叫作"太阳出"，西叫作"太阳落"，然后面对太阳出的东边以此为基准，称东面为上边，背后为下边，北边为左边，南边为右边。而与外界接触较多的黎族地区，不仅有了四向的概念，而且有了东南、东北、西南、西北四个副方位，连同上、下，共组成十个方位的复杂概念。凉山彝族也是以"日出方"为东，"日落方"为西；因凉山地区的河流多是从北向南流，所以又称河流的上游方向为北，下游方向为南。但日出、日落的方向在一年中是不断变化的，各条河流的走向也随着地形的变化而时有改变，所以这种确定方向的方法只能是大致的，并不太准确，所以彝族有些比较发达的地区也有观测北斗在黎明前的指向来定方向的习惯。他们把北斗前四星称为"手脚四肢"，把后三星斗柄称作"尾巴"。他们说："'尾巴'整天都在转动，公鸡叫以前一段时间'尾巴'指西，但在黎明后'尾巴'就翘起来了，指向东方。"由于黎族是在黎明前观测北斗星，所以运行的方向正好和中原地区傍晚观测的方向相反。有些少数民族的纪日方法，也显示了较为原始的状态。如云南一带的独龙族，就曾经用结绳的办法来纪日——在一根绳子上过一天打一个结，数数打了多少结就知道过了多少天。东北的鄂伦春族以 30 天为一个月，他们习惯以 30 块兽骨穿成一串，过一天拨下一块，以此来计算一个月内的日子。苗族有些地区以石块纪日，往一竹筒里投放石子，每天放一块，当月圆时放块较大的石子，表示过了一个月。倒出竹筒里的石子一数，便知道过了多少天或几个月。而有些少数民族则采用了较为先进的纪日法，如用十二生肖、六十干支或七曜来纪日的方法。如彝族不仅纪日，而且纪年、纪月和纪时都采用十二生肖，其名称和顺序全与汉族相同，也以鼠为首。他们编有口诀："天年鼠年首，天月鼠月首，天日鼠日首，天时鼠时首。"云南、四川一带的傈僳族也是以十二生肖纪日，以"蛇日"和"龙日"为吉日，以"鼠日"和"牛日"为凶日。居住在碧江地区的属于白族分支的墨勒人，把一年分成 13 个月，新年定在十三月下旬的"蛇日"或"龙日"，也是以十二生肖纪日。云南西双版纳州的基诺族则以干支纪日，但干支的排列法与汉族不同，是"支"在前而"干"在后。藏族和傣族还都用"七曜纪日法"纪日。少数民族的纪月法，一般用顺序 12 个月为纪，但也有分为 13 个月的，如上面谈到的墨勒人，还有的把一年分成 10 个季节月，如傈僳族即把一年分成 10 个月，分别叫作花开月（三月）、鸟叫月（四月）、熄火山月（五月）、饥饿月（六月）、采集月（七、八月）、收获月（九、十月）、酒醉月（十一月）、狩猎月（十二月）、过年月（一月）、盖房月（二月）；佤族也有类似的分法，叫作建寨月、盖房月、播种月、发芽月、催忙月、大忙月、吐穗月、空碓月、祭谷月、收谷月。这种季节月的划分是自然历法的特点，这可能是人类早期十进位计数法的反映。以狩猎和驯养鹿群为生的鄂伦春族，把一年分为四季，分别称为"雪化期""草发芽期""草枯黄期""下雪期"；又按照鹿群生长的状况分为鹿胎期、鹿茸期、鹿交尾期、鹿打细毛期。人们认识"年"的概念，最初是从自然界变化的大致周期，或生产活动的大致周期而开始形成的。台湾省的高山族就是以菜的收获为年的标准，即从这次收获完毕到下次收获期为一年。台湾省雅美族人则是把飞鱼回游一周作为一年。住在乌苏里江的赫哲族则以捕一次回游的鲑鱼为一年，每年挂一个鲑鱼头，并用数鱼头的办法计算人的年龄。独龙族则以今年大雪封山到明年大雪封山为一年。当然，这种方法是比较粗略的，但却是这些民族原始历法的基础，它也是"回归年"概念产生的基础。

有历法的少数民族，绝大部分都是阴阳合历的历法，他们的年和月是靠设置闰月来调节的。如佤族每年二月份，头人到一定的河段看看游鱼上水没有，寨外一定岩石上的野蜂群飞回来了没有。如果鱼没上水，野蜂迟迟未来，就决定增加一个闰月，称为"怪月"。有的地方则是观察桃花是否开花来决定是否增加"怪月"的。雅美人在历史上曾采用过带有闰月的"长年"和无闰月的"短年"相间的方法，但误差太大；后来就改为观察飞鱼回游的时间，如果比正常月份晚，则在这月后增加一个"泛舟之月"，这年也就是长年，有13个月；再后来才又发展到观察星象来决定季节，如他们称南十字架星为鱼信星，每当十字架星东倾而傍晚出现在海上时，飞鱼汛期就要来临了，这种阴阳历一般都分大小月。哈尼族是直接观测新月的出现来决定的，如初二有一点儿月牙，这个月就定为小月，只有29天；如果初三才出现新月，则这个月就是大月，有30天。某些佤族部落在每月二十九日一大早起来看，东边天边如果有一点点残月，这个月就是大月，否则就是小月；有的佤族在十六那天一大早起来看，西方地平线上的月亮是满圆的呢，还是有一点点儿残缺？如果满圆这个月就是大月，如果残缺这个月就是小月。藏族和傣族是历史悠久、文化发达的民族。藏历采用了汉历中的二十四节气，还能对西藏地区的天气作中长期的预报；傣族中的"西坦法历书"非常精密，认识到了岁差的关系，采用了19年置7个月的闰法。比较特殊的是回历，它有太阴年和太阳

部分少数民族的年岁以自然现象计算

年两种。太阴年是以月相为准，月亮圆缺一次为一月，12 个月为一年，所以它的岁首是在一年四季中变动的，它是目前国际间所用的唯一的纯阴历。太阳年是以春分为岁首，依太阳运行一周天为 12 个月，平年 365 天，闰年 366 天，128 年置 31 闰。这种置闰方法非常精密，积 8 万年才差一天。在这点上要比通行世界的《儒略历》或《格里历》还要精密。据陈久金等人研究，彝族实行过一种特殊的太阳历：一年分为 10 个月，一个月分为 36 天，以十二属相纪日，每个月整整三个属相周，全年 30 个属相周，合计 360 天，剩余的 5 天或 6 天为"过年日"，不计在月内，每年有大小两个新年，一个叫星回节，在农历的十二月中；一个叫火把节，在农历的六月中。这种历法科学、简明、整齐，陈久金等人认为可以用它"作为新的科学历法的基础"。

许多少数民族还把一天分作若干"时段"，拉祜族给孩子取名依照生日的生肖，如果父子同属，则依出生时辰给孩子命名：夜间生的叫扎克，黎明生的叫扎体，上午生的叫扎朵，中午生的叫扎戈，午后生的叫扎迫。可以看出拉祜族已把一天粗略地划分成了五个时间段落。傣族把一昼夜先定出四个基本点，然后两个基本点之间再划分为三段，全天共分为十二时段，相当于汉

地平线上的金星

族的十二时辰；傣族还有种更细密些的分法，是把一昼夜分成六十时度，每一时度相当于现在通用时间的24分钟。藏族则还要精密，把一昼夜分作六十水时，一水时又分作六十水雨，一水雨又分为六息。

许多少数民族对于天象的观察也很认真细致，当然首先是对两个最明亮的天体太阳和月亮的观察。拉祜族和佤族经过长期观察认识到五月份太阳走得最慢，所以白昼最长；十一月份太阳走得最快，所以白昼最短。但这种认识却是通过传说反映出来的：他们说夏天太阳骑着猪在天上慢慢行走，因此白昼长；冬天太阳骑着马在天上快跑，所以白昼短。骑猪出来的方向偏北，骑马出来的方位偏南。因此，记住太阳从哪个村寨或树林出来，从哪个山谷或山梁落下，就可以知道到了什么季节。他们还说，二月是太阳换乘猪的时候，八月是换乘马的时候，这已经是朴素的"二分""二至"的观念了。有经验的头人还会计算太阳从这个山谷下山到次年又从这个山谷下山的天数，这就是一个回归年。哈尼族曾用木棍测量日影，把一根刻上许多刀痕的木棍放在屋内阳光可以经常照射到的地方，根据太阳初照木棍时的不同情况可以判断一年中季节的变化，同时根据棍影在地面上的移动和变化，还可以用来测定时辰。这木棍显然兼有圭表和日晷两种功能了。哈尼族认为太阳是女性，月亮是男性，月亮这个小伙子追赶太阳姑娘，追赶上时就会产生日食，可见他们已认识到月亮比太阳运动得快。哈尼族和基诺族每到十五六时总要注意一下有没有月食，可见他们已认识到月食总是发生在满月的时候。傣族对于日月的观测更为精勤，他们曾在寺庙里竖立上专门测影的杆子，还有用手臂测量日影的资料，还有测定时间的日晷。他们测定的朔望月的数值非常精确。他们说太阳有七种颜色，很热很亮，并认识到月亮是不发光发热的，日食月食的成因就像土坑里生火，光线被遮挡住了，这都有些科学的因素。孟连县有位傣族康朗赛老人保存的一本年历中，记有近70次日月食记录，并注明发生的时间和食分的大小，可见傣族人对日月和日月食的观察记录是很精确的。

许多少数民族对于五大行星也有所认识，特别是那颗明亮的金星，很多民族都知道。但因为它常在早晨和傍晚出现，所以有的民族误把它当成两颗星，如赫哲族把傍晚的金星叫"大毛朗"，早晨出现的叫"三毛朗"，还有颗明亮的天狼星被叫作"二毛朗"。"大毛朗出来二毛朗撵，三毛朗出来白瞪眼。"白瞪眼，即指天要亮了，所以金星有指示时间的作用。傣族人对于五大行星都比较熟悉，能掌握它们的运行规律，而且还懂得它们位置的推算方法。有些民族对二十八宿也比较熟悉，如凉山彝族50岁以上的人几乎都能将二十八宿星名流利地背诵出来；傣族历法中也有类似的二十七宿划分法。有些民族即使不能完全知晓二十八宿，但对其中的某些著名星宿还是相当熟悉的，如昴宿，是个疏散星团，较明亮的星有六七颗，鄂伦春族称它是"七仙女"，佤族叫它"鸡窝星"，黎族说它是"多兄弟星"。另外，许多少数民族对于参宿、毕宿、觜宿以及二十八宿之外的北极星、北斗星、天狼星等，或用来指示方向，或用来判定时间，也对它们有不同程度的熟悉，有的少数民族还有关于这些星宿的有趣传说。有些少数民族还有关于天地形成的传说，关于宇宙模式的设想，有的有关于天球甚至大地是球形的思想，有的有专职的天文司历人员，有的还有测量天体的仪器。有些历史悠久的民族，还有比较丰富的天文文献，如藏族仅历法就有100多种，傣族地区至今还保留着各种天文历法专著和大批不同格式的傣文历书。总之，这些少数民族的天文历法知识是我国天文学史的重要组成部分，是我国文化宝库中的珍贵财富，值得我们引以为荣，值得我们认真研究。

 知识链接

彗星占

在中国古代的星占理论中，彗星的出现差不多均被看做是灾难的象征。《乙巳占》关于彗星的论述说：

长星（即彗星）……皆逆乱凶孛之气。状虽异，为殃一也。为兵、丧，除旧布新之象……凡彗孛见，亦为大臣谋反，以家坐罪，破军流血，死人如麻，哭泣之声遍天下。臣杀君，子杀父，妻害夫，小凌长，众暴寡，百姓不安，干戈并兴，四夷来侵。

中国古代将彗星看做灾星由来已久，早在春秋战国时即有记载。例如，《左传》就记载了文公十四年（公元前613年）出现的彗星，当时有星孛于北斗，周朝的内史叔服预言说，不出七年，宋、齐、晋国的国君都将死于战乱之中。

第二章

古代历法和历法成就

　　我们知道真正意义上的科学的计时方法都源于天文。古人们经过长期的精心观测后发现，不同天体在天空中的位置变化都有着各自的规律，而天体在天空中的位置变化也意味着时间的变化。根据这一点人们第一次找到了确定时间的准确标志，通过观象授时活动，使得古代的计时制度一步步发展了起来。

第一节
中国古代的历法

历法的一些基本概念

中国古代的传统历法属于阴阳合历。所谓阴阳合历，其实是一种兼顾太阳、月亮与地球关系的历法。朔望月是月亮围绕地球的运转周期，而回归年则是地球围绕太阳的运转周期。由于回归年的长度约为 365.2422 日，而十二个朔望月的长度约为 354.3672 日，与回归年相差约 10 日 21 时，所以同时需要设置闰月来调整二者的周期差。

中国古历的基本要素包括日、朔、气。下面简要介绍一下回归年、朔望月和二十四节气等概念。

1. 回归年

早在远古时代人们就发现，作物的枯荣、候鸟的迁徙无不与气候的冷暖变化有关。而这个冷暖变化的周期大约是 365 天，因此人们在"日"这个概念的基础上引用了"年"这个概念。而回归年就是指太阳直射方向从北回归线到下一次再直射北回归线（或者从南回归线到下一次再直射南回归线）所经历的时间。天文学上严格的定义是太阳连续两次经过春分点（或秋分点）的时间间隔，称作回归年。根据天文观测结果，一个回归年的长度约为 365.2422 日，即 365 天 5 小时 48 分 46 秒。

2. 朔望月

我们知道月亮围绕着地球终日不息地旋转，而且月亮本身并不发光，它

月相变化图

只是反射太阳光。对于地球上的观测者而言，随着太阳、月亮、地球三者相对位置的变化，在不同的时期里，月亮就会呈现出不同的形状，这就是月相，而这些月相经历了朔、上弦、望、下弦的演变周期。天文学上规定，从朔到朔，或从望到望的时间间隔称为"朔望月"，一个朔望月的平均长度约为29.5306 日。

 ## 3. 二十四节气

在我国有一首广为流传的歌诀：

春雨惊春清谷天，

夏满芒夏暑相连，

秋处露秋寒霜降，

冬雪雪冬小大寒。

这就是"二十四节气"歌诀。这一歌诀是人们为了记忆二十四节气的顺序，各取一字缀联而成的。

二十四节气即立春、雨水、惊蛰、春分、清明、谷雨、立夏、小满、芒种、夏至、小暑、大暑、立秋、处暑、白露、秋分、寒露、霜降、立冬、小雪、大雪、冬至、小寒、大寒。

这二十四节气按顺序逢单的均为"节气"，通常简称为"节"，逢双的则为"中气"，简称为"气"，合称为"节气"。二十四节气是根据地球绕太阳运行的360°轨道（黄道），以春分点为0点，以15°为间隔分为二十四等分点，每个等分点设一专名，含有气候变化、表征农事等意义。人们按照二十四节气的名称将其分为四类。第一类是表征四季变化的，有立春、春分、立夏、夏至、立秋、秋分、立冬、冬至；第二类是表征冷暖程度的，有小暑、大暑、处暑、小寒、大寒；第三类是表征降雨量多少的，有雨水、谷雨、白露、寒露、霜降、小雪、大雪；第四类是表征农事的，有惊蛰、清明、小满、芒种。

节气虽属阳历范畴，但是它与阴历系统中的朔望月配用，是中国阴阳历的一大特点。

4. 置闰和岁差

在中国的古代历法系统中还有一个重要的内容就是闰月的设置和岁差，下面也做一下简单介绍。

朔望月的平均值为29.5306日，比两个中气之间的间隔要短约一天。如果第一个月的望日正值中气，那么32个月后两者差值的累计将会超过一个月，因此会出现一个没有中气的月份，这个月份使得本来属于这个月份的中气推移到了下一个月份，此后，其他月份的中气也将一一推移。这个月份一般会出现在第十六个月前后。为了避免这种情况，古代的天文学家将这个月设为闰月。而农历的历年长度是以回归年为准的，但是一个回归年比12个朔望月的日数多，比13个朔望月短。为了协调这种矛盾，古代的天文学家采用19年7闰的方法：在农历19年中，有12个平年，每一平年12个月；有7个闰年，每一闰年13个月，其中包含一个闰月。

所谓岁差是指太阳从某年的冬至点出发，在黄道上运行至下一个冬至点时，并没有走满360°，其间有一个微小的差数，这一段小小的差数被称为岁差。晋代著名的天文学家虞喜把自己潜心观测中星的成果与前人的观测记录进行了比较，发现冬至当日，不同的时代黄昏时分出现于天空正南方的星宿有明显的差异，他正确地解释了这一现象。他认为这是由于太阳在冬至点连续不断地西退而引起的，他把这种每隔一岁、稍微有差值的现象叫作岁差。祖冲之在《大明历》中提出岁差值为每45年11个月退行1°。

为政顺乎四时

为政要顺乎四时，这也是中国古代的基本天文学思想之一。中国古代天文学带有浓厚的政治色彩，也与这种思想根源有关。

顺四时具体来说指天子的政治活动安排要顺乎四时，也就是顺应四季的变化。《礼记·月令》中有关于天子按照四时安排重大事务的标准日程表：

孟春："立春之日，天子亲率三公、九卿、诸侯、大夫以迎春于东郊。""天子乃以元日祈谷于上帝。"

仲春："玄鸟至，至之日以太牢祀于高禖，天子亲往。""天子乃鲜羔开冰，先荐寝庙。上丁，命乐正习舞、释菜"；天子乃率三公、九卿、诸侯、大夫亲往视之。"

季春："天子乃荐鞠衣于先帝。""是月之末，择吉日大合乐，天子乃率三公、九卿、诸侯、大夫亲往视之。"

这是春天三个月的情况，以下还有孟夏、仲夏、季夏、孟秋、仲秋、季秋、孟冬、仲冬、季冬等各月的详细事务安排。

古代帝王在安排重大事务时必须要顺应四时的变化，春夏秋冬各行其是，如同典章制度一样不能随意更改。同时，这种"为政顺乎四时"还有更为广泛的意义。如董仲舒《春秋繁露》中所言："天之道，春暖以生，夏暑以养，秋清以杀，冬寒以藏……圣人副天之所行以为政，故以庆副，暖而当春；以赏副，暑而当夏；以罚副，清而当秋；以刑副，寒而当冬。庆赏罚刑，异事而同功，皆王者之所以成德也。"

庆赏罚刑为天子四政，与春夏秋冬四时相应相符，千万不可颠倒，颠倒就会遭到天罚。

汉代以后，根据"为政顺乎四时"之义，有些政令甚至被写入了法律。如《唐律疏议》卷三十规定："诸立春以后、秋分以前决死刑者，徒一年；

其所犯虽不待时，若于断屠月及禁杀日而决者，各杖六十；待时而违者，加二等。"

就是说，立春以后、秋分以前不得判决死刑，违反此规定的司法人员要被判一年徒刑；如果案犯的罪重，不能按上述规定时间处决的，也不能在断屠月和禁杀日判决。诸如此类的规定，都是"为政顺乎四时"的具体表现和反映。

 **天干地支和生肖**

干支起源于什么时候？现在还不能做出确切的回答，但是关于干支的记录以前就有了。在河南省安阳市的殷墟遗址中出土的殷墟甲骨卜辞中就载有大量用于纪日的干支记录，这说明干支的产生比殷商更早，或是同一时期。对此，这里不作较深入的探讨，更多地介绍以下干支和生肖。

1. 干支

干支是天干和地支的总称。天干共十个字，因此又称为"十天干"，其排列顺序为：甲、乙、丙、丁、戊、己、庚、辛、壬、癸；地支共十二个字，排列顺序为：子、丑、寅、卯、辰、巳、午、未、申、酉、戌、亥。同样按其顺序，天干中逢双，即甲、丙、戊、庚、壬为阳干；逢单，即乙、丁、己、辛、癸为阴干。地支中子、寅、辰、午、申、戌为阳支，丑、卯、巳、未、酉、亥为阴支。根据《史记·律书》、《释名》和《说文解字》等书的释义，干支名称的含义分别是：

干者犹树之干也。

甲：草木破土而萌芽之时；

乙：草木初生，枝叶柔软屈曲之时；

丙：万物沐浴阳光之时；

丁：草木成长壮实之时；

戊：大地草木茂盛繁荣之时；

己：万物抑屈而起，有形可纪之时；

庚：秋收之时；

辛：万物更改，秀实新成之时；

壬：阳气潜伏地中，万物怀妊之时；

癸：万物闭藏，怀妊地下，揆然萌芽之时。

子：万物孳生之时；

丑：扭曲萌发之时；

寅：发芽生长之时；

卯：破土萌芽之时；

辰：万物舒伸之时；

巳：阳气旺盛之时；

午：阴阳交替之时；

未：尝新之时；

申：万物成体之时；

酉：万物成熟之时；

戌：万物衰败之时；

亥：万物收藏之时。

这些释义表明了天干是一年中十个时节的物候，地支则表示一年中植物生长发育的十二个时节。

以一个天干和一个地支相配，天干在前，地支在后，天干由甲起，地支由子起，阳干对阳支，阴干对阴支，这样的组合共有六十对，可以不重复地记录六十年，六十年以后再从头循环，这样得到了一个以六十年为周期的甲子回圈，称为"六十甲子"。我们可以用这种方法来纪年，称为干支纪年法。

干支纪日的方法与干支纪年的方法一样，每天用一对干支表示，每六十天为一个周期，由甲子日开始，按顺序先后排列。

干支也用来纪月，但是纪法与纪年和纪日不同。首先每个月的地支固定不变，正月为寅，二月为卯，依顺序排列，十二月为丑。其次，天干在分配时要考虑当年的天干，其对应关系是：当年天干是甲或己时，正月的天干就是丙；当年天干是乙或庚时，正月的天干就是戊；当年天干是丙或辛时，正月的天干就是庚；当年天干是丁或壬时，正月的天干就是壬；当年天干是戊或癸时，正月的天干就是甲。有一首歌诀可以帮助我们记忆这个规律：

甲己之年丙作首，乙庚之岁戊为头；

丙辛必定寻庚起，丁壬壬位顺行流；

更有戊癸何方觅，甲寅之上好追求。

 2. 生肖

利用十二地支纪年、纪月、纪日固然方便，但是却不便于记忆，为了克服这个不便，人们创立了以鼠、牛、虎、兔、龙、蛇、马、羊、猴、鸡、狗、猪这十二个具有实感的常见动物来代替十二地支，即十二生肖。

有关十二生肖的起源及其排列顺序的定型古代文献中都没有明确的记载。王充的《论衡·物势》中记载："寅，木也，其禽，虎也。

十二生肖

戌，土也，其禽，犬也……午，马也。子，鼠也。酉，鸡也。卯，兔也……亥，豕也。未，羊也。丑，牛也……巳，蛇也。申，猴也。"在这段文字中，十二生肖动物谈到了十一种，唯独缺了辰龙，而在该书的《言毒篇》中又有："辰为龙，巳为蛇。"这样十二生肖便齐了。这是古文献中关于生肖较早的最完整记载。而关于十二生肖最早的记载见于《诗经》，《诗经·小雅·吉日》里有"吉日庚午，即差我马"八个字，意思是庚午吉日时辰好，是骑马出猎的好日子，这里将午与马作了对应。可见，在春秋前后，地支与十二种动物的对应关系就已经确立并流传。

甘石巫三家星

　　这是隋唐之前比较流行的全天恒星名称和星占的几家不同派别。甘德、石申都是战国时代人，著有《天文》和《天文星占》，在唐代《开元占经》中辑录有部分内容；传说巫咸是更早时代的人，他也有不少星占著作，后代也有辑录。到三国时代吴国太史令陈卓就把三家流派做了总结，成为全天283官1464星的系统，长期流传，故称甘石巫三家星。

　　在三垣二十八宿的全天分划系统建立之前，三家星也有一种全天分划体系，那是将全天分成三大块，一为中宫，即二十八宿以北的星；二为二十八宿，相当于黄赤道带；三为外宫，包括二十八宿南方诸星。这种体系为陈卓所总结。李淳风著《晋书·天文志》时采用了这一体系，他也是将全天分为三大块，一是中富，二是二十八宿，三是星官在二十八宿之外者。在《史记》中则记载了另一种全天分划体系，即五宫说——中宫和东南西北四宫。这三种全天分划体系可能以三家星派为最早，次为五宫说，再演变为三垣二十八宿体系。

　　三家星流行于不同地域，时代也较早，所以对它的研究可了解早期认识恒星的情况。现在如将283官1464星按甘、石、巫三家流派来分类比较就可知道不少情况。

　　首先是总数，《晋书·天文志》为283官、1464星，而《隋书·天文志》为283官、1565星，详细的统计发现为283官、1465星，其中：

石氏　92官　632星

甘氏　118官　506星

巫氏　44官　144星

二十八宿　28官　182星

不属任何家的　1官　1星（神官）

　　《史记·天官书》共列92官500多星，除7官外均列于石氏名下，而那7官中可能是由于石氏占文遗失了。《史记索隐》曾提及有些句子出于石

氏星经，清孙星衍考证天官书，也认为"书中亦多用《石氏星经》"，可见
《史记·天官书》的取材多来源于三家星。

再看石甘巫三家星的互相重叠情况，44 官巫咸星宫中与甘氏无一重合，
只有 4 官石氏有占文；118 官甘氏星民中石巫都无占文者有 85 官；92 官石
氏星宫中甘巫均无占文的只有 10 官。可见，石氏系统流传最广，甘巫二家
有很大的独立性，尤其巫咸星官则很少为外人引用。《史记正义》讲巫咸本
是吴国人，葬于今江苏常熟县北海虞山上。陈卓也是吴国人，在吴国做过
多年太史令，巫咸星官能流传下来可能同他有着很大关系。

既然全天星名星数来源于不同的流派，总结成一体后往往留有各流派
的痕迹。陈卓以不同颜色表示三家星，南北朝时代所制浑象和星图上也以
不同颜色表示，《步天歌》的歌词中用不同词汇以示区分，唐敦煌星图以不
同颜色表示，直到宋代《新仪象法要》一书中的星图，也还有空圈与实圈
之不同，可见三家星对我国星图和浑象的影响。

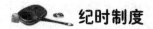 **纪时制度**

纪时制度是以某个时间为起点将一昼夜划分为多少段的方法。中国古代
为人们所熟悉的纪时制度是十二时辰制、漏刻制和五更制。在西汉中期以前，
通用的是一种天色纪时法，即十六时制纪时法。

 1. 十六时制纪时法

古人主要依据天色将一昼夜划分为若干段。一般将日出时叫作旦、早、
朝、晨，日入时叫作夕、暮、昏、晚，太阳正中叫中日，将近中日时叫隅日，
太阳西斜叫作昃。古人一般是一日两餐，早餐在日出之后、隅中之前，这段
时间叫食时或蚤时；晚餐在日昃之后、日入之前，这段时间叫晡时。人们以
这些时刻为分界点，将一昼夜分为夜半、鸡鸣、晨时、平旦、日出、蚤食、
食时、东中、日中、西中、晡时、下晡、日入、黄昏、夜食、人定。

2. 十二时辰纪时法

春秋时期，人们开始将历法上的十二个月的名称应用在天文上，具体的设想是太阳每年在黄道上运行一周是十二个月，将黄道分为十二个天区，则每一个天区对应一个月。将太阳冬至所在的天区称为子，太阳十二月所在的天区称为丑，以后以此类推。地球的自转会引起太阳沿赤道自东向西的昼夜变化，古人设想将天赤道所在的方位也划分为十二个天区，北方为子位，南方为午位，东方为卯位，西方为酉位，那么太阳将一昼

日晷是天文工具也是计时工具

夜运行十二个方位后回到原位。于是，便产生了一昼夜十二个时辰的概念，一个时辰对应太阳在天赤道的一个辰位。这十二个时辰排序为子、丑、寅、卯、辰、巳、午、未、申、酉、戌、亥，其中子时对应二十三点到凌晨一点，丑时对应凌晨一点到凌晨三点，以后以此类推。

随着科学技术的进一步发展，以十二时辰作为纪时制度的体制已经不能满足人们的要求了，故而人们开始寻求改进的方法，以便将其分得更细一些。最初人们将一个时辰一分为二，在十二时辰名中间插入甲、乙、丙、丁、庚、辛、壬、癸八个天干和艮、巽、坤、乾四个卦名，合计二十四个小时名。由于这些天干名称和卦名不便于记忆，也不如干支那么协调，所以唐代的时候天文学家就采用了将每一个时辰分为初、正两个部分的方法。例如，子初开始于二十三点，子正开始于零点，午初开始于十一点，午正开始于十二点。这样也就形成了中国古代的二十四时制。

 3. 漏刻纪时法

前面说了十二时制是依据太阳的方位来判断时间的，但是这对于普通百姓而言不易准确判断，故而人们又发明了用漏刻来计时的方法。

漏刻纪时法将一昼夜分为 100 刻，夏至时白天 60 刻夜晚 40 刻，冬至时白天 40 刻夜晚 60 刻，春分、秋分昼夜平分各 50 刻。漏刻纪时法的使用方法是：白天开始时将漏壶装满水，在水面上放置一支漂浮的带刻度的箭，随着漏壶

漏刻是比较准确的计时工具

中水的下漏，箭便慢慢下沉。从漏壶口读出各个时刻箭上的刻数，这样就得到了具体的时间。当夜晚来临时，不管漏壶中的水是否漏尽，都要重新加满水起漏。通常将一支箭的刻数在中间做上标记，如此一分为二，在报时时称为：昼漏上水几刻，昼漏下水几刻；夜漏上水几刻，夜漏下水几刻。

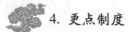

4. 更点制度

俗话说："一更人，二更锣，三更鬼，四更贼，五更鸡。"对于这句俗语我们并不陌生。古代的更点制度是用于夜间报时的。古人把一夜分为"五更"，因为夜间时刻随着季节而变化，所以每更每点的时间是不固定的，但是五更的起始时刻是黄昏，终止时刻是平旦，这是不变的。

知识链接

宇宙无限和天地成亡

尽管盖天说和浑天说在我国有极其广泛的影响，它们都主张天体附着在有形质的天盖或天球上，但是关于宇宙无限的思想也在我国流传。这类思想有的认为天是无形质的无限空间，如宣夜说；有的认为在有形质的天之外还有无限的宇宙，如张衡的《灵宪》。对于这无限的内容又包含有空间和时间两方面，实际上就是时空无限的统一。

战国时期，后期墨家的论述中具体讲到了宇宙的时空含义，《墨经》曰："宇，弥异所也。"《经说》解释为："宇，蒙东西南北。"《墨经》曰："久，弥异时也。"《经说》解释为："久，合古今旦莫。"这里久同宙、莫同暮，两句话的意思是说宇宙为空间和时间。战国时代的尸佼也有类似看法，后人辑录成书的《尸子》中说道："上下四方曰宇，往古来今曰宙。"空间和时间的统一在于它们的紧密结合，《墨经》曰："宇或徙，说在长宇久。"意思是说，空间的迁移（徙）使得时空都变化了（长）。《经说》的解释是："长宇，徙而有处，宇南宇北，在旦有在莫，宇徙久。"这个意思也就是空间的变化，迁移又静止，或南或北，而时间上也相应有早晚之变，结果是时空都变迁了。

张衡是著名的浑天说学者，他阐述了浑天说的天地结构，在作了"浑天如鸡子，地如鸡中黄"的比喻之后又说："过此而往者，未知或知也。未知或知者，宇宙之谓也。""宇之表无极，宙之端无穷。"他将宇宙和天地作了区分，在有形质的天地之外是未知的宇宙，而这宇宙是无极无穷的。这种无限观虽然还不能同宣夜说相比，但主要是由于对我们日常所见的天空有局限认识所致，他将无限的宇宙与直观感觉中的天地区别开来还是有一定现实意义的。

盖天说

盖天说是中国最古老的宇宙学说。成书于汉代的《周髀算经》，记载了盖天说发展过程中的两个阶段。

旧盖天说认为：天是圆的，像一顶华盖。地是方的，像一块棋盘。天是倾斜的，它的中心位置在人的北面。天以这个中心为轴向左旋转，太阳和月亮像锅盖上的蚂蚁，虽然它们在不停地向右行，但同时仍不得不随天向左行。空间充满了阴气和阳气，而阴气混浊，人的目光无法穿透，所以太阳早

盖天说是人类对地球宇宙最直观的感知的体现

晨进入阳气中，晚上退入阴气中。而且夏天的阳气比冬天的多，所以夏天的白昼比冬天的长。随着古人活动范围的不断扩大，地"方"的说法难以让人相信，并且天圆和地方，两者也不可能弥合。这些当然是旧盖天说最不合理的地方。

而新的盖天说则认为：天和地都是圆的，中间高而四周低，地像一个反扣的盘子，天像一顶斗笠。笠顶就代表北极，天以北极为中心旋转。太阳在随天旋转的同时，还要变换轨道，一年中向南变换六次，再向北变换六次，所以太阳共有 7 条轨道。太阳在夏至日时，沿内衡圈运动。在冬至日时，沿外衡圈运动。在与二十四节气的对应关系上，凡中气都在第一衡到第七衡的衡上运动，其他节气时太阳在衡与衡之间运动。

盖天说根据圭表测影结果，利用勾股定理推算出：天与地处处相距 8 万里。夏至日时，没有表影处离地理北极 11.9 万里。冬至日时，没有表影处离地理北极有 23.8 万里。中国则离地理北极有 10.3 万里。

知识链接

五行

什么叫五行？《辞海》五行条说："指木、火、土、金、水五种物质。中国古代思想家企图用日常生活中习见的上述五种物质，来说明世界万物的起源和多样性的统一。"但如果认真考察上古文献中有关五行的论述，就会发现，早期人们对于五行的看法与后世所谓哲学上的五行几乎完全不同。

例如，汉郑康成疏《尚书·洪范》说："行者，顺天行气。"可见郑康成对五行的解释并不是指五种物质，而是指顺天行气，即是指运动的状态而不是指物质。那么，郑康成是否是标新立异呢？根本不是，他所说的是上古关于五行观念的传统说法，只是近代哲学家不予关注而已。再如，《白虎通·五行篇》云："言行者，欲言为天行气之义也。"《春秋繁露·五行相生》也说："行者，行也。其行不同，故谓之五行。"如此可见，五行与哲学上的五种物质概念是不同的。五行指的是一年或是一个收获季节中，太阳的五种运行状态。因为太阳的运行状态不同，所以阴阳二气的状态也就不同，从而导致气候寒暖程度不相同。简言之，五行就是一年或一个收获季节中的五个时节。

　　事实上，五行是时节，这在上古文献中有更为直接的说法。例如，《吕氏春秋》将五行直接称为五气，即将一年分为五个时节。又如，《左传·昭公元年》记载：年"分为四时，序为五节。"而《管子·五行篇》则说："作立五行，以正天时，五官以正人位。"这足以说明上古时期都是把五行解释为时节或者是节气。有人很看重《左传·襄公十七年》的说法："天生五才，民并用之，废一不可。"以为这就是五行即五种物质元素的依据。但这完全可以解释为古人借助于五种物质的名称作为太阳五种行度的名称，而不应该解释为物质的本身。用直观的人们常用的五种物质的名称给五种太阳行度命名，就如以十二生肖给日期命名一样，符合古人朴素的思想观念。

浑天说

　　在解释天文现象上，浑天说似乎更高一筹，因而得到很多的拥护者。

　　张衡在《浑仪注》里阐述了浑天说的主要思想：天是一个球壳，天包着地，像蛋壳包着蛋黄。天外是气体，天内有水，地漂在水上。全天为 $365\frac{1}{4}$ 度，其一半盖在地上，一半环于地下，所以二十八宿恒星只能看到其中的一半。南极和北极整整相差半个圆周。天的旋转正如滚动的车轮，没有停止的迹象。

　　分析浑天家制造的浑仪和浑象，有助于了解浑天说在解释天象方面的能力。与极轴垂直的圆有五个。靠近北极的圆叫恒显圈，凡在圈内的恒星，全年总在地面以上。靠近南极的圆叫恒隐圈，圈内的恒星总在地面以下，全年都看不到。位于中间的圆代表天赤道。太阳在春分和秋分时，沿天赤道运动，出于正东方，没于正西方，而且白天和黑夜所走的距离相等。天赤道以北，是太阳在夏至日所走的轨道，早晨出于东北方，傍晚没于西北方，白天所行路程明显多于夜晚。不仅如此，浑仪还可以表示出与真实天象完全相符的数据。

盖天说能够演示的天象，浑天说同样能够演示。盖天说不能演示的天象，浑天说也可以。看来，浑天说在表现天体视运动方面是无懈可击的。然而，古人很难接受地是飘浮不稳的和日、月、星辰夜晚会浸泡在水里的假设，以致浑天说和盖天说之争相持了很长一段时间，直到唐朝。

在此必须特别说明的是，在盖天说定量化的过程中，是通过运用了两个几何定理和一项假说来推出一系列结论的。两个几何定理是"相似三角形的对应边成等比关系"和"直角三角形的勾股弦定理"。一个假设是"在南北两地用八尺表同时测量影长，相距1000里，影长应差一寸"。正是因为这个假设，问题才出现了。但是，很多天文学家并没有发现这个问题，而是继续信奉使用，甚至张衡、葛洪、祖暅等也把它当成公理，作推论的依据。

唐开元十二年（724年），一行和南宫说等人在河南的滑县、浚仪（今开封）、扶沟和上蔡等地同时测量影长，发现滑县距离上蔡526.9里，而影长却差2.1寸，完全否定了"日影千里差一寸"的假设。

这次著名的论证以后，浑天说便为绝大部分人所信服，成为中国古代正统的宇宙学说。

 知识链接

《历象考成》

《历象考成》是清代编写的一部历法书籍。因为《西洋新法历书》是依据《崇祯历书》仓促删改而成的，书中图与表不合，解释文字难懂，康熙五十三年（1714年）清政府命令重新修订，改正这些弊端，于康熙六十一年（1722年）完成，这就是《历象考成》。这本书其实没有什么实质性进步，仍沿袭《崇祯历书》用第谷体系和本轮均轮步算，虽然改用了一些天文常数，但积累误差巨大。雍正八年六月初一（1730年7月5日）日食预报与天象不符，清政府命传教士戴进贤、徐懋德两人负责修订。他们依照法国天文学家卡西尼的计算方法和数据编算了一个日躔月离表，附于《历象考成》之后，既无使用说明，也无理论依据，整个钦天监中只有一个蒙古族天文学家明安图能使用这个表。对于这种情况大家都很不满意，于是又令戴、徐二人增修表解图说，同时有三位中国学者参加，他们是明安图、梅毂成、何国宗。

增修工作在1742年完成，共成书10卷，就是《历象考成后编》。经过修订，理论上的进步是抛弃了本轮均轮体系，改用100多年前开普勒发现的行星运动第一和第二定律，即行星绕日运动的轨道是椭圆，太阳在一个焦点上；行星和太阳的联线在相等时间里扫过相等的面积，合称为椭圆面积定律。但是令人啼笑皆非的是在《后编》中位于椭圆焦点上的不是太阳而是地球，这又退回到了地心说，这种颠倒过后的开普勒定律真可算是天文学史上的一个怪胎，是顽固反对哥白尼日心学说的耶稣会士在中国这个特定地方特定时期内孵育出来的。

大家都知道，卡西尼是法国著名天文学家，他的家族曾连续四代人任巴黎天文台台长，第一代卡西尼是意大利人，应法王路易十四之请前往巴黎筹建天文台并任第一任台长，为近代天文学的发展做出了重大贡献。但他在理论上是十分保守的，他是最后一位不愿意接受哥白尼日心理论的著名天文学家，他也拒不接受牛顿的引力定律，反对开普勒的椭圆定律。正是这位在理论上保守的学者成了在中国的耶稣会士依赖的对象，由此也可以看到由耶稣会士来促使中国古典天文学向近代的转变是多么艰难。

宣夜说

在盖天说和浑天说中，天都是一个壳层结构，日月星辰都附着在天壳上。

而坚持宣夜说的人认为，在地面之上不存在固体的天壳。之所以天空呈现蓝色，是因为它距离我们太遥远了。在地球之外都是气体，日、月、行星、恒星，甚至银河都是会发光的气体。正是在这些气体的推动下，它们才得以自由运行，互不干扰。

虽然宣夜说对宇宙的物质结构有接近于真实的理解，但它一直没有发展起配套的计算模式，而更多地注重思辨性的猜测，导致最后被发展成一种玄学。因此，宣夜说还不能称作完整的宇宙理论。

第二节
中国古代历法成就

回归年长度的确定

我国古代的天文学家把冬至看作是一年的起点。这足以说明，要想准确预报季节的更替和循环，只有准确测定出冬至的时刻来。正是因为这样，测定准确的冬至时刻是我国古代制历家的重大课题。现存的一些史料表明，我国最早的冬至时刻的测定记录是在春秋时代的鲁僖公五年（公元前655年）和鲁昭公二十年（公元前522年）。

关于这一点，可能有的读者会说，如果能够连续两次测定出冬至时刻，就能得知回归年长了。正所谓"说起来容易，做起来难"，虽然古人用圭表可以直接测得冬至日，因为冬至这一天正午表影的长度比一年中任何一天正午表影的长度都要长，然而，每次太阳到达冬至的时刻并不一定正好是在正午，所以测量数据就变得不准确了。为了能够得到较为准确的冬至时刻，古人采取连续测量若干年冬至日正午的影长。在确定了两个冬至时刻之后，就用这两个冬至时刻之间的年数去除它的总日数，这样就可以得到一个回归年的长度了。

从公元前五世纪开始，我国就使用《四分历》，其回归年长定为 365 日，也就是 365.25 日。或许有人认为只有先测量朔望月的长度，然后将 12 个朔望月加起来，才能得出一个回归年的长度来。但是，我们认为这个方法是不可行的，因为这样又回到纯阴历上去了。阴阳合历的回归年和朔望月长度的测定顺序相反，它是先测定回归年长，而后再去推求朔望月的长度。具体来说，朔望月长度应该这样推算，据资料显示，我国最迟在春秋时代就发现了19 年 7 闰的规律，也就是在 19 年中要设置 7 个闰月，从而使得历法和季节变化得以协调。如此说来，《四分历》的朔望月长度是这样算得的：

365.25 日 ×19 = 6939.75（日）

12 月 ×19 + 7 月 = 235（月）

6939.75 ÷235 = 29.530851（日）

现在看来，岁实 365.25 日、朔望月 29.530851 日是非常容易算出来的，

冬至是二十四节气之一

但是在当时，特别是岁实 365.25 日是世界上最精密的数据。所以，可以说，《四分历》的创制有着重要历史意义。

《四分历》定岁实为 365.25 日，虽然这个数值已经够精密的了，但是与当时实际的岁实 365.2423 日相比大了 0.0077 日，所以存在着一定误差。虽然这个误差不是很大，但是如果按照积少成多的道理来看，一年大 0.0077 日，那么一百年就大了 0.77 日，大约是 18 小时 29 分。长此以往，就会出现历法预推的时刻要比实际天象来得晚的现象，而且这种现象会越来越明显。后来，通过制历家们的继续研究，他们发现了这种现象。但是在很长一段时间内，人们并没有认识到这种现象的实质。直到东汉末年，刘洪才认识到这是由于《四分历》岁实太大的缘故。因此，在他制订的《乾象历》中，首次将岁实减小为 365 日，也就是 365.246180 日，相应的朔望月长为 29.53054 日。这标志着我国古代历法的精确度又前进了一步。

与《四分历》相比，《乾象历》精确度更高。然而，刘洪测定冬至时刻的方法还是沿用了传统的方法。所以，如果想要真正提高历法的精度，只能改进测量方法。这个方法后来也被其他人想到了。例如，南北朝时代的祖冲之不直接用圭表测量冬至日正午的太阳影长，而是测量冬至日前后二十余日太阳正午的影长，而后取其平均值，这样就得出了冬季的日期和时刻。祖冲之根据实测制订的《大明历》的岁实为 365.2428 日，这个数值一直保持到了宋代时期。欧洲在十六世纪之前实行《儒略历》，其岁实的数值均采用与《四分历》相同的数值，即 365.25 日。

在祖冲之之后，北宋的姚舜辅改进了测量方法。他在修订《纪元历》时，打破了历史上采用一组观测确定冬至时刻的传统方法，而采用一种全新的方法，即一年多组观测，再取平均值确定冬至时刻。随着测量方法的不断更新，冬至时刻以及岁实的精度越来越准确。到了南宋杨忠辅制订《统天历》时，他首先采用了岁实 365.2425 日这个极为精密的数值。在元代时期，郭守敬等人制订《授时历》时，根据实测，肯定了岁实 365.2425 日为历史上最精密的数值。如今，世界通用的阳历——格里历的岁实也是 365.2425 日，与《统天历》相比晚了近四百年。

可见，我国古代制历家们并没有满足前人的成就，而是继续努力研究，争取有新的突破。正是这样，我国天文学才得以不断发展。例如，明代末年的邢云路，进一步改进圭表，精心实测。正是因为他如此勤奋，才测得岁实为 365.24219 日，这与用现代理论推算的当时的数值 365.242217 相比，仅仅小

0.000027 日，也就是一年大约才相差 2.3 秒。在 1588 年，丹麦天文学家第谷测定的最精密的岁实为 365.2421875 日，其误差一年大约为 3.1 秒。从以上的介绍可以知道，我国古代制历家在测定冬至时刻、推求岁实方面作出了卓越贡献。

 知识链接

客星见于房

有些星星原来很暗，但有时它会突然明亮起来，有的亮度比原来增强几千到几百万倍（叫新星），有的亮度增强到一亿乃至几亿倍（叫超新星），以后它们又逐渐暗弱下去，犹如在星空中做客一般。因此，古人称这类天体为"客星"。

我国对新星和超新星的出现早有记载，如在出土的商代甲骨卜辞中就记载着大约公元前 14 世纪出现于天蝎座 α 星（我国称做心宿二）附近的一颗新星："七日己巳夕新大星并火。"

"客星"一名最早见于汉代，《汉书·天文志》中记载有："元光元年五月，客星见于房。"这记录的是公元前 134 年出现的一颗新星，这颗新星是中外史书均有记载的第一颗新星。但是，其他国家记载简单，而我国不但记载了出现的时间，也写明了出现的方位（房即房宿，在天蝎座头部）。法国天文学家、数学家比奥所作的《新星汇编》，还把《汉书·天文志》记载的这颗新星列为首位。

自商代到 17 世纪末，我国史书共记载了新星、超新星 90 颗左右，其中大约有 12 颗属于超新星，这么丰富而系统的历代新星爆发记录在世界各国中是独一无二的。

在我国史书中所记载的新星、超新星中，以宋至和元年（1054 年）出现在金牛座星（中名天关星）附近的超新星最为有名，这颗星爆发后达两年之久才变暗，《宋会要》记载："嘉祐元年三月，司天监言客星没，客去之兆也。初，至和元年五月，晨出东方，守天关，昼见如太白，芒角四出，色赤白，凡见二十三日。"

18世纪末，有人用望远镜在天关星附近观测到一块外形像螃蟹的星云，取名为蟹状星云。1921年有人发现这个蟹状星云在不断向外膨胀，根据膨胀的速度来计算，这块星云物质是在大约900年以前从一个中心飞出来的，这个时间与《宋会要》的记载很符合，而且位置也相近。后来经过许多天文学家的观测研究证明，蟹状星云正是1054年超新星的遗迹。而且近代又发现这个蟹状星云既有光学脉冲，也有射电脉冲，而且又发现X射线和γ射线。进一步研究发现，这些脉冲来源于一种超新星爆发后的残留核心，即中子星（中子星已经是恒星的晚年了）。

20世纪30年代射电天文学问世后，世界上不少学者为了寻找银河系中射电源和超新星的对应关系，都对我国古代的新星和超新星记录做了详细研究。研究证明，在我国古代的12次超新星记录中，有7个以上对应于射电源。这充分说明我国古代的新星记录对于现代天文学研究仍然有着重要作用。

斗转星移，岁月推移。我们祖先辛勤劳动而积累的宝贵天象史料，在今后更深入地探索宇宙奥秘的过程中必将起到积极的作用。

岁差的测定

在介绍我国古代制历家对岁差的测定之前，首先需要对岁差稍加解释。我们知道，地球是一个球体，但它不是一个正球体，而是一个椭球体，赤道部分较为突出，两极部分呈扁平形状。由于太阳和月亮对地球赤道突出部分的吸引作用，使得地轴绕黄极做缓慢移动，相应地春分点沿黄道以每年50″.24速度西移，大约2.6万年移动一周，这种现象叫作岁差。我国古代则以观测冬至点移动来推求岁差。

前节谈到，古代制历家们为了制定一部理想的历法，首先要测定冬至时刻，为此就必须测定冬至点在星空中的位置。我国在《四分历》行用的时代，均称冬至点在牵牛初度，但文献没有记载测定的方法。从唐代一行的《大衍历议·日度议》中知道，古人测定太阳位置是采用间接的方法，这就是测定黄昏和黎明时刻的中星，然后推算出夜半时刻的中星，这时太阳恰好处在与它相差180°的位置上，知道了太阳所在的位置，再按照太阳一日运行1°的规律，就可以求得冬至时刻太阳所处的位置，也即冬至点的位置。后来古人也采用直接测定夜半时刻中星的方法，来求得冬至时刻太阳所在的位置，不过这种方法，由于古代计时仪器——漏刻没有那么高的准确度，使得测量误差较大。

太阳始终是古人天文观测的重点

　　在晋代以前，我国的制历家不知道有岁差，以为从冬至到下一个冬至（岁周），也就是太阳在满天星斗中运行了一周天（天周），所以，当《四分历》将岁实定为365日时，人们也随之将周天划分成365°，这是因为人们相信，一旦测得了冬至点的位置，也就一劳永逸，没有变化了。后来，人们在实测中似乎发觉了冬至点的移动现象，但不敢肯定。一直到东汉时期，民间天文学家贾逵才明确地指出（85年），冬至日不在牵牛初度，而是在斗21°，但他也不知道这是岁差现象。

　　我国岁差的发现者，是晋成帝（330年前后）时期的天文学家虞喜。他研究了历史上的冬至点观测结果，并和当时的观测结果进行比较，从而领悟了其中的奥妙，于是他首次明确地提出，冬至点是在缓慢地移动的，太阳在众星中运行一周天并不等于从冬至到下一个冬至的一岁周，应该是"天自为天，岁自为岁"。这样，虞喜就把自古以来天周和岁周混同的"错误"纠正了过来。太阳从冬至到下一个冬至，由于冬至点的西退，太阳还没有回到上一次冬至时相对于恒星的位置。也就是说，太阳还没有运行一周天，这正是岁差现象。我国古代又称岁差为恒星东行，或者叫作节气西退。虞喜给出的岁差数值是，每50年冬至点西移1°（当时实际值为每77.3年冬至点西移1°）。虞喜发现岁差虽然比希腊天文学家喜帕恰斯（旧译依巴谷，公元前二世纪人）晚了大约四个半世纪，但却比依巴谷每百年差1°的数值精确。

何承天也研究过岁差现象，可惜他定出的数值误差较大，与依巴谷给出的数值相同。

在制订历法中，我国首先引进岁差这一新发现的是祖冲之，在他制订的《大明历》中采用的岁差数值是45年又111个月差1°，这个数值显然误差是过大了，但他制订历法的革新之功是不可磨灭的。隋朝的刘焯在制历中，也引进了岁差改正，其数值是75年差1°，这在当时来说是相当精确了。南宋杨忠辅的《统天历》和元代郭守敬等人的《授时历》，采用的岁差数值是66年又8个月差1°，这就把精确度又向前推进了一步。而当时的欧洲，制历家们还在墨守成规地沿用百年差1°的老数据。两相比较，相形见绌。

 知识链接

日食与地球自转

自古以来，人们用一天作为计量时间的基准，这就是地球自转一周所需的时间。在这样做的时候大家不自觉地承认地球自转周期是不变的。但从18世纪以来的天文观测中就已发现了这一问题，随着计时测时科学的发展，20世纪终于确认了地球自转是不均匀的，因此以地球自转作为计算时间的传统观念发生了动摇，天文学上不得不用均匀的时间系统来做基准，出现了历书时和原子时系统，以区别于用地球自转而确立的世界时。不过，由于民用时的要求不必那么精确，所以人们日常使用的是一种协调世界时。

地球自转不均匀表现为三种变化，一是长期减慢，二是不规则变化，三是周期性变化。

长期减慢是逐渐累积的，由于地球自转变慢，一天的长度在增加，古代一天较短，而现代较长。引起地球自转长期减慢的主要原因是潮汐摩擦，因为潮汐总是逆着地球自转的方向，它使地球自转的角动量减少，而因地月系角动量守恒，故月亮逐渐远离地球，月亮绕地球的公转周期变长。

不规则变化是时快时慢，慢的在几十年或要更长时间内发生微小变化；中等的在10年时间内发生明显变化；快的在几星期到几个月内就发生较大变化，这种变化能比微小变化大100倍。引起这些变化的原因正在探讨之中，可能由地核与地慢间的角动量交换或海平面与冰川的变化引起，也同地面上风的作用有关。

周期性变化是本世纪30年代才发现的，主要与季节有关，表现为春季慢、秋季快，这是由风的周年变化引起的。此外，还有以半年为周期的变化，这是因为地球轨道为椭圆，日地距离周期性的远近变化引起太阳潮汐的不同。至于以一月和半月为周期的微量变化则是因月地距离有远近，月球潮汐不同所致。

20世纪20年代天文学家福瑟林厄姆和德西特想到可利用古代日食记录来求观测时刻与计算时刻的积累差值，进而探索日长增加的规律。他们只收集到古巴比伦和古希腊的5次日全食资料，得到的结果虽比现代测定值大了几乎近一倍，但这毕竟开拓了这一领域的研究方法。1939年，琼斯利用200多年来行星和太阳的观测资料从理论上求出地球自转的相对变化，发现日长的增加大约每世纪0.0016秒。这一数据为许多人认同，研究工作暂告一段落。

1938年狄拉克提出，引力常数G减少的问题需要验证。1961年迪克得出G的减小不会大于每年10^{-11}。而人造卫星上天以后的长期观测却发现，地心引力常数GM的减小大约是每年2×10^{-10}左右，比迪克的数据大了20倍。有人认为这是G减小的一个验证，但有人认为这是因地球质量M在减小所引起的。

20世纪80年代初，北京天文台李致森、韩延本等人对春秋时代到初唐1400多年间的88次中心食记录做了系统分析。他们用历书时标准逐一计算出每次食的中心线，定出每次食中心线上与观测地点纬度相同的点，该点的经度与观测地点经度的差化成时间差，就是所求的计算值与观测值的时间累

积差值 ΔT。这是因为历书时标准的古代日食中心线与实际发生日食时地球表面上的见食中心线之差主要表现在经度方面，纬度方向的漂移较小。

他们绘出了 88 次日食的 ΔT 值随时间的变化图，可以看出越到古代 ΔT 值越大的趋势。这一趋势就表示了地球自转变慢的累积效应，据其平均值就可以求出地球自转长期变慢的速率。

节气和置闰

二十四节气人们已都很熟悉了，尤其是广大农民，不少人不仅能背诵，而且能灵活运用，有效地指导农业生产活动。

通过我国古代天文学家的不断努力和中国劳动人民的不断实践，二十四节气才得以被总结和发现。同样，二十四节气的出现也为农民的耕耘、播种和收获等农事活动起到了预报作用。至于二十四节气的产生，从史料上分析，应是逐渐形成的，其中立春、立夏、立秋、立冬（简称四立）这四个节气，可以上溯到公元前七世纪的春秋时代，而二十四节气的全部名称首见于《淮南子·天文训》，其名称是：冬至、小寒、大寒、立春、雨水、惊蛰、春分、清明、谷雨、立夏、小满、芒种、夏至、小暑、大暑、立秋、处暑、白露、秋分、寒露、霜降、立冬、小雪、大雪。由于《淮南子·天文训》中所使用的农历是秦汉之际的颛顼历，由此可知，二十四节气的形成应当是在战国时期。

在分析二十四节气的意义和更替时，可以清楚地发现，二十四节气的循环是以春、夏、秋、冬四季为周期的，而这正是地球环绕太阳运转的反映。由于人类居住在地球上，感觉不到大地的运动，却看到太阳在星空中运动，一年中正好运转一周，我们将太阳的这种运动称为视运动，把它所运行的道路称为黄道。黄道是一个大圆圈，分圆周为360°。二十四节气就是将黄道等分成二十四段，每段为15°，太阳每移动15°（实际上是地球围绕太阳运动了15°），就表示到了一个节气（此为定气）。太阳走完每段所用的时间基本上是

农历与农时密切相关

相同的，因此二十四节气在公历中的日期是几乎不变的，比如清明节每年都在 4 月 5 日左右，冬至节每年都在 12 月 22 日左右等。二十四节气在阳历（公历）中的日期，可以用两句话加以概括，即：

上半年来六二一，

下半年来八二三；

前后只差一二天。

前后之所以有 1~2 日的出入，是由于太阳，实际上是地球，运动快慢的不均等造成的。在这里需要说明一点，即要区别交节和节气的含义。交节指的是时刻，如某日立春、立秋等；而节气指的则是一个时段，比如从立春到雨水之间是立春节气，雨水到惊蛰之间则是雨水节气等。

当我们对二十四节气有了基本了解之后，再来谈一下农历的置闰问题。

前面谈到了二十四节气有节气和中气之分。农历以十二个中气分别作为十二个月的标志，即每一个月都有一个固定的中气，比如：雨水是正月的中气；春分是二月的中气等。

在古代，农历的闰月有过不同的安排方法。从汉代开始，置闰法得以形成。所谓置闰法就是把不包含中气的月称作上一个月的闰月。既然每个月都有一个中气与之相对应，那为什么又会出现不含中气的月呢？其实这个问题并不难回答，因为一个回归年中有二十四个节气，这意味着节气与节气或中气与中气之间平均为（365.2422÷12）30.4368 日，而一个朔望月为29.5306日，这二者之间相差近 1 日，因此，中气在农历月中的日期，每个月就向后推迟近 1 日。久而久之，就会出现中气赶到月末的现象。那么，接下来的一个月必然没有中气而剩下一个节气了。所以，这个没有中气的月就叫作这一年的闰月，而且把它叫作上个月的名称，只是需要在"几月"的前面再加一个"闰"字。农历之所以将没有中气的月作为闰月，只要做一个简单的运算就会发现其中的奥秘。原来，19 个回归年中分别有（19×12）228 个节气和中气。19 个年头中有（19×12＋7）235 个朔望月，显然会有 7 个月没有中气，7 个月没有节气，这样把 7 个没有中气的月作为闰月就是很自然的了。

十九年七闰法，闰月一般安排在第 3、5、8、11、14、16、19 年，其中相隔的年数为 3、2、3、3、3、2、3 年，比如 1979—1998 年相应的农历年中的闰月就是这样安排的。但也有其他安排法。按此规律，我们可以推求闰年的大概情况，比如 1974 年的农历年为闰年，那么，19 年前的 1955 年，1936年……19 年后的 1993 年，2017 年……也是闰年，但闰月的名称并不一定相同，要按上述原则去精密计算。

知识链接

沈括在历法上的新创造

北宋最著名的科学家当推沈括了。沈括（1031—1095 年），字存中，浙江钱塘人。他一辈子做过许多官，晚年在润州（今江苏镇江）梦溪园闲居，潜心写作，科学巨著《梦溪笔谈》就是这一时期在梦溪园写成的。他在自然科学的许多领域里都有重要贡献，在天文学上的贡献也是多方面的。他被王安石推荐到司天监负责后，马上对司天监进行了整顿，罢免了搞欺骗蒙混、挂名食禄的儒生，破格任用平民出身的卫朴主持修订历法的工作。

同时，他还开展了大量研究工作。首先，他注重天文仪器的改进和创新。他发现一些重要的天文仪器都有不少缺点，不便使用，于是就认真对它们进行研究和改制。他亲自设计制造的熙宁浑仪，周密地考虑了仪器安装方面的误差和简化浑仪规环的设计方向等，在浑天仪发展史上做出了很大贡献。他为了阐述改创新仪器的原理，对以往的错误见解加以辨正，专门写了《浑仪议》《浮漏议》《景表议》等论文。这些论述都是我国天文仪器制造史上的重要著作。

恒星月和近点月的研究

我国的农历是以朔望月作为记月的一个基本单位（朔望月是指连续两次朔或望之间的时间间隔）。所以，我国古代制历家都十分重视对月亮运动的观测和研究。我们说过，春秋末期使用的《四分历》所采用的朔望月长（古称朔策）是 29.530851 日，这与现代测定值 29.530588 日相比误差仅为 0.000263 日。隋代以前的制历家们，一直以朔望月的长度来推算、安排各月的历日。每个月的第一天叫作朔日。但由于朔望月的长度不是整天数，而是比 29.5 日稍大，所以就采取大月 30 日、小月 29 日，一个大月一个小月相间排列的方法。这样，大月比朔望月的实际日数多了半天，小月就少了半天，但两者并不能相互抵消，所以大约每隔 17 个月就安排一个连大月来加以调整。

古人在观测和研究月亮的实践中，发现一个朔望月并不等于月行一周天。在《淮南子·天文训》中就明确记载有"日行一度，月行十三度又十九分之七"。由此不难算出，月行一周天需要 365.25 ÷ 13 = 27.321850 日。这说明我国很早就有了恒星月的概念。当然，推求恒星月或许不是古代制历家们的目的，他们所需要的是月亮的每日运行的度数，有了这个数值以便用来推算月亮在恒星间的经度位置。

我们知道，月亮绕地球运行的轨道与地球绕太阳运行的轨道一样，都是椭圆形的，所以月亮过近地点时运行速度最快。相反，在过远地点时运行速度最慢。我们将月亮从近地点出发，运行一周又回到近地点的时间间隔，叫作一个近点月。战国时期的石申大概已经认识到了月亮运动的不均匀性，可惜记载简略，不足为证。东汉的李梵、苏统等人明确地指出了月亮运行速度有快慢的变化。贾逵不仅认识到了月亮运行的不均匀性，而且指出这是由于月道有远近造成的。他又进一步指出，这个近道点（即近地点）经过一个月（即近点月）向前移行了3°。九年之后，这个点移行一周又回到了原来的地方。

后来，刘洪对月行快慢的规律性进行了研究，而且将其纳入他制订的《乾象历》的考虑范围中。按《乾象历》的算法，近点月数值为

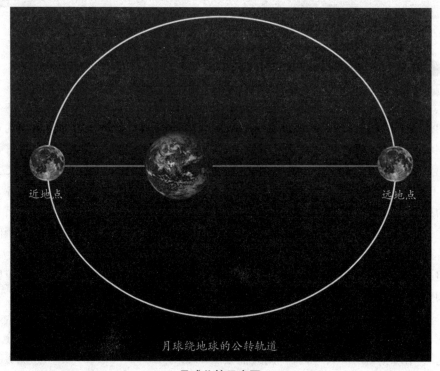

月球绕地球的公转轨道

月球公转示意图

27.554629 日，这与近代的测算值 27.554550 日相比误差仅为 0.000079 日。从此之后，历代许多制历家都特别重视近点月数值的测定，而且通过努力来得到更加精确的数值，其中以隋张胄玄制订的《大业历》的数值 27.554552 日最为精密。

在古代，人们对月行快慢进行研究和计算，其目的就是推算出日月食发生的时刻和位置，而这项工作又促使古人对交点月进行精细的研究和计算。祖冲之在他制订的《大明历》中，第一个求得交点月的数值是 27.21223 日，与今测值 27.21222 日相比仅差 0.00001 日。此后一些历法家们所得出的数据也是非常准确的。

在张子信发现太阳运动的不均匀性之后，定朔研究有了更好的条件。从隋代的刘焯、张胄玄开始，在制订历法推求定朔时刻的同时，还考虑到日行和月行的不均匀性，这在中国历法改革史上是一个很大进步。

在南北朝时期，何承天在制订《元嘉历》时，首先倡议用定朔安排历日。但是，因为遭到了传统守旧势力的反对，所以未得以实现。唐朝初期，傅仁均制订的《戊寅元历》虽然开创了使用定朔法的先例，但是因为遭到守旧势力的顽固反对，所以未能得以继续。直到半个世纪之后，李淳风制订《麟德历》时，在战胜守旧派的同时才得以名正言顺地采用定朔法安排历日。

更令历法界感到兴奋的是，刘焯在推算定朔时创立了等间距二次差的内插法公式，这使得古代数学中所取得的先进成就在制订历法中得到了实际应用。唐一行则对其进行了进一步发展，他采用不等间距二次差的内插法公式来计算定朔，这使得数值更加准确。元代的郭守敬继前人之后，创立了平立定三次差的内插法公式，这使得我国古代的天文历法成就推向了一个新的高度。在以上论述中，我们多次使用"定朔"一词，而该词语的使用标志着我国古代制历史取得了更大进步。那么，究竟什么是"定朔"呢？事实上，我们所说的"定朔"是相对于"平朔"而言的。所以，想要弄明白定朔，首先要了解平朔。根据上面的介绍，读者已经了解到，由于近点月和朔望月的长度是不相等的，所以月亮圆缺一次所需要的时间也是不相等的。就是在这种情况下，古代所推算的朔望月日数，只是月相变化一周的一个平均数。以这个平均化的朔望月长度所求得的合朔时刻就叫作"平朔"。如果把月亮和太阳运动的不均匀性考虑进去，那么，从它们的实际运动出发所求得的合朔时刻就叫作"定朔"。换言之，在改正平朔作月亮和太阳运动不均匀性之后，所求得的合朔时刻就是定朔。

　　我国古代制历方面的成就，虽然不能在此作全面的、详尽的介绍，但在我们所涉及的几个方面还是作了较为系统的说明。由此不难看出，古代制历家为了制订一部精密的历法，无不付出了艰苦的劳动。俗话说"功夫不负有心人"。正因如此，我国古代的制历工作在相当长的历史时期内确实走在了世界的前列，而且有一些历法还为外国所采用，从而成为中外文化交流的见证。据初步统计，仅南北朝、隋唐时期，日本就曾采用过五部中国历法。

丰富多彩的天象纪事

　　变幻莫测的天空从古至今都使人捉摸不定，而古代的先民更想通过对奇异天象的观测了解万事万物的变化和发展，因而，无论是如天女散花般的流星雨，还是拖着长尾巴的彗星，甚至是太阳表面出现的斑斑黑迹，都能成为古人研究和探求的对象。对于这些特殊的天象，我们的祖先十分重视观测。我国史籍中保留了对日月食、太阳黑子、极光、流星、新星、超新星等极为详尽、系统、丰富的观测记录，这些史料随着时间的推移越发显现出它的珍贵价值，对现今天文学的发展起到了重要的促进作用。

第一节
美丽的星空

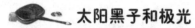

太阳黑子和极光

1. 太阳黑子

　　太阳黑子被称为太阳上的风暴，黑子上面的温度要比其他区域略低一些，所以地面上的观测者看到黑子好像是暗黑色的。我国古代，早在公元前28年就有关于太阳黑子的记录，《汉书·五行志》记载：汉成帝"河平元年……三月已末，日出黄，有黑气，大如钱，居日中央"的记载，不但说明了黑子出现的日期，而且对它的形状、大小和位置也有描绘，内容十分完整。向上推演，大约成书于公元前140年的《淮南子》中就有"日中有蹲鸟"的记载，有些学者认为"蹲鸟"指的就是太阳黑子。从公元前43年起至公元1638年，仅中国正史中明确记载黑子就达112次，另有大量记录存于地方志中。可以毫不夸张地说，中国的太阳黑子记录在世界上是首屈一指的，是最早、最完整、最系统的。

　　太阳黑子的发展变化有一定的规律性，开始是日面上出现小黑点，面积逐渐扩大，稳定一段时间后，开始分裂，最后在日面上消亡。黑子的平均寿命为一天左右，有的短为两三个小时，有的长达两三个月，最长的寿命可达半年之久。对于这些现象，我们祖先都有细微的观察和记载，他们将黑子分为圆形、椭圆形和不规则形三大类，形状如环、如桃、如李、如粟、如钱；如鸡卵、鸭卵、鹅卵、瓜、枣；如飞鹊、飞燕；如人、如鱼等。据专家的分析，圆形黑子可能是刚出现的黑子，椭圆形黑子可能是双极黑子。根据现代天文学知识可知，双极黑子中在太阳圆面西边的叫"前导黑子"，在太阳圆面东边的叫"后随黑子"，在它们之间还有无数的小黑子填充其中，用肉眼看起来，就像椭圆形；不规则形的黑子显然是大的黑子群。这种对黑子形态的分类具有一定的科学道理，而在欧洲不要说黑子的分类，就连黑子的发现也是在公元 807 年，比我国晚了 800 多年。当时他们还以为是行星从太阳表面掠过，直到公元 1610 年，意大利科学家伽利略在望远镜中看到了太阳黑子，最初也以为是行星，后来才弄清楚是太阳黑子，并在公

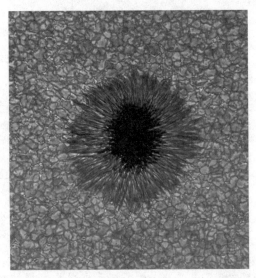

太阳黑子

元 1613 年将结果公布于世。造成这种落后的根源在于欧洲人长期受到水晶球思想的影响，认为天体是完美无缺的，很容易观测到的太阳黑子却被忽视了，而我国则没有受到这种思想影响，只是根据事物的本来面目来揭示其现象和规律，认识到太阳黑子是太阳自身发生的现象。

　　我国太阳黑子的记录，为论证太阳黑子活动的 11 年周期在 2000 年之内都长期存在提供了有力的证据，极大地丰富了人们对太阳物理性质的了解。目前，一些专家学者还在进一步研究太阳黑子活动与地面上水旱灾害及农业丰歉的关系。

 **2. 极光**

　　极光是一种与太阳活动密切相关的物理现象。夜晚在北极附近地区上空，人们常常可以看到色彩缤纷的极光，在太阳活动激烈的年份即使离北极较远的地区也能看到。我国古代早对极光现象有所记录，在《汉书·五行志》中载有："建始元年，九月戊子，有流星出文昌，色白，光烛也，长可四丈，大一围，动摇如龙蛇行……"建始元年九月戊子即公元前 32 年 10 月 24 日，这无疑是一次准确的极光记录。从这时起到 10 世纪为止，据不完全统计，我国

共有极光记录 145 次，其中有年、月、日的占 108 次，而欧洲各国总共才有 110 次记录，附有年、月、日的只有 32 次。利用这些宝贵的极光资料，我们可以研究地球磁场变化及日地关系等问题。

 知识链接

苏州石刻天文图

在苏州文庙里有一个石碑，上面刻有一个盖图式星图，这就是著名的苏州石刻天文图。此图现已移到了苏州博物馆内。

苏州石刻天文图，刻于南宋丁未年（1247 年），绘制人是黄裳，刻碑人是王志远。苏州石刻天文图所依据的材料主要是北宋元丰年间（1078—1085 年）的观测结果。

石刻天文图总高约 2.45 米、宽约 1.17 米，星图本身直径约 0.85 米。天文图的上部为星图，下部刻着说明文字，图上共有星 1440 颗左右。

苏州石刻天文图是世界现存最古老的石刻星图之一，星数众多，画法精炼，刻画逼真。图中外圆是南天星可见的界线，包括赤道以南约 55° 以内的恒星；中圆是天赤道，直径为 52.5 厘米；永不下落的常见星用直径为 19.9 厘米的小圆（即上规）界开；黄道与赤道斜交，交角约 24°，并按二十八宿距星之间的距离（赤经差）从天极引出宽窄不等的经线，每条经线的端点处注有二十八宿的宿度。再外边还有两个比较接近的圆圈。圈内交叉刻写着十二次、十二辰及州国分野各 12 个名称。观赏全图，银河清晰，河汉分叉，刻画细致，引人入胜。星图记载了我国北宋时期许多人辛勤观测的劳动成果，在一定程度上反映了当时天文学的发展水平，这对于我们研究古代星官、论证现代恒星提供了十分宝贵的史料。正因为如此，不仅我们自己非常重视它，就是世界上的学者们也一致认为这个石刻天文图是东方最古老的星图，因而对它加以研究和宣传。

日、月食纪事

日食和月食是最引人注目的天象之一，晴朗的天空，阳光灿烂，忽然太阳被遮住，大地陷于黑暗之中，天空中出现点点亮星，飞鸟归巢，雄鸡啼鸣，人们不明白发生了什么事情，惊恐万分，奔走相告，鸣鼓示警，这是载于《书经·胤征篇》中夏代仲康年间一次发生日食的情景"乃季秋月朔，辰弗集于房……奏鼓，啬夫驰，庶人走。"但由于夏代的历史带有很大的传说性，此次记录姑且不提，比较可靠的第一次日食记载是公元前1217年5月26日发生在中国河南安阳地区的一次日偏食。它载于殷墟甲骨上："癸酉贞日夕又食，佳若？癸酉贞日夕又食，匪若？"意思是说"癸酉"这一天进行占卜，黄昏时有日食发生，这是吉利的征兆，还是不吉利的征兆？这条日食记录比巴比伦最早的日食记录（公元前763年）早约500年。类似的记载还有四次。在《诗经·小雅·十月之交》中还以诗歌的形式记载发生的日食："十月之交，朔日辛卯，日有食之，亦孔之丑。"指的是发生于公元前8世纪的一次日食。我国日食记录之详令人叹服，仅《春秋》一书就记载了公元前722—481年的242年中所发生的37次日食。据清代王韬等人考证，其中有33次记录是完全可靠的。我国从春秋至清同治十一年，2600多年中就有985次日食记录，月食记录也在千次以上。

我国古代对日食的观测主要由天文机构中的天文官负责，观测的方法也日益有所改进。早在公元前1世纪，天文学家京房为避免直接用肉眼观测太阳就采用水盆照映法，后由于水面反光能力差，又改用油盆，食分很小的日偏食也能观测到。发展至元代，天文学家郭守敬创制了仰仪，日食的观测就更加精细、准确了。古代的日食记录极为详尽，不仅记录了日食发生的时间，而且记录了日食起始时刻和全部见食时间，日食初亏所起的方位、日食的食分（即日面被食部分占整个日面的比例）以及日食时太阳的位置。比如《汉书·五行志》中就这样记载了发生于汉征和四年八月辛酉晦（公元前89年9月29日）的日食："不尽如钩，在亢二度，晡时食，从西北，日下晡时复。"意思是说，日食的食分很大，光亮的太阳圆面只剩下一个钩形了，食起于西北方向，下午四五点钟太阳位于亢宿2°。

我国古籍中大量的日食记录对于研究地球自转的不均匀性有着十分重要

的价值。据现代天文学研究发现，地球自转不均匀性表现为长期减慢、不规则变化和周期性变化三种。在长达几千年的历史时期内，后两种变化显得微不足道，而地球自转的长期减慢是主要因素，它是由于月球和太阳对地球的潮汐摩擦，而潮汐总是逆着地球自转方向所造成的。利用现代天文学公式可以推算出几千年前某次日食经过的地点，把它与古籍中所记载的实际观测日食的地点相比较，就可以得到地球自转变慢的速率了。1969 年罗·牛顿等人用 25 次日食记录进行研究计算，获得了极有价值的结果。在这 25 个日全食记录中，就有 9 个是中国的，最迟一次记录是公元 2 年 11 月 23 日（汉平帝元始二年九月戊申晦），各国专家十分惊叹我国古代日食观测记录的准确性和可靠性。有关这方面的研究工作还在继续进行当中。

 知识链接

唐敦煌星图

甘肃敦煌有一个著名的石窟，叫作莫高窟，又叫千佛洞。清光绪二十五年（1899 年）发现藏经洞后，窟内的历史文物和艺术品遭到了英人斯坦因和法人伯希和的大量盗窃和破坏。现还保存有壁画和雕塑品共计 486 窟，计有壁画 12 万平方米，造像 2450 尊。新中国成立后，被列为全国重点文物保护单位。

在 1907 年斯坦因盗走的 9000 种敦煌卷子中，有一卷星图，即著名的唐代敦煌星图，这卷星图现今保存在英国伦敦博物馆内。

敦煌星图约画于公元 8 世纪初，它是我国流传至今最早采用圆、横两种画法的星图，也是世界现存星图中星数最多而且最古老的一个星图，图上有星 1350 颗左右。这份图的具体画法是，赤道区从十二月开始，按照太阳每月所在的位置分十二段画出，中间夹有说明文字。北极附近包括紫微垣附近的星画成圆图。应该指出，国外使用类似的方法，要比敦煌星图晚 600 余年。

新星与超新星

　　新星和超新星是一种爆发型变星，在几天之内亮度突然增加几千至几万倍的称为新星，而亮度爆发特别猛烈，在几天之内甚至达到几千万倍以至于上亿倍的叫作超新星。新星经过一段时间以后，亮度会逐渐减弱，一般经过几年到几十年的时间后，又降至它原来的亮度；而超新星则由于它崩溃性地爆发能量，就此瓦解成为另一类天体。

　　在我国古代一般把新星、超新星称做"客星"，这是因为它们原来是连肉眼都很难看到的暗星，一下跃为天上的亮星，继而又暗淡下去，仿佛是到井然有序的星空匆匆做客一样。由于当时的历史条件所限，我国古籍中有时也将彗星称做"客星"，但现代天文学家自有办法将它们区别开来。追寻古记录的足迹可以发现，凡是从出现到消逝这一段时间位置不变的"客星"一定是新星和超新星；相对位置发生较大变化的"客星"则是彗星无疑了。

超新星爆发残留物

我国最早的新星记录见于公元前 14 世纪的殷墟甲骨上："七日己巳夕新大星并火"，意思是：某月七日（己巳）黄昏有一颗新星接近"大火"星（心宿二）。另一块殷墟甲骨上写道："辛未出殷新星"，意思是，辛未这天新星消失了。在史籍中最早的新星记录见于《汉书·天文志》："武帝元光元年（公元前134 年）六月，客星见于房。"即出现在房宿（天蝎座头部）的一颗新星。希腊的依巴谷发现了这颗新星，但他没有记录下这颗新星的日期和方位。

　　自商代到 17 世纪末，我国史书中共记载了新星、超新星 90 颗左右，其中大约有 10 颗是超新星，它们依次出现在公元 185 年、386 年、393 年、437年、1006 年、1054 年、1181 年、1203 年、1572 年和 1604 年。其中公元 185年和 393 年出现的两颗超新星，全世界只有我国有记载。在《后汉书·天文志》中是这样描述公元 185 年超新星的——"中平二年十月癸亥，客星出南门中，大如半筵，五色喜怒，稍小，至后年六月乃消。"这颗星当时的位置在半人马座 α、β 两星之间，持续的时间为一年半左右。据天文学家推测，这颗星当时距离地平较近，大气消光作用很强，观测条件是极为不利的。在这种情况下尚能观测到这么长时间，说明这颗星的亮度一定是十分明亮了。

　　在所有超新星中，最令人瞩目的当推宋至和元年（1054 年）出现的天关客星，北宋的天文学家对它进行了详细的观测和记录。古书《宋会要》中说："嘉祐元年（1056 年）三月，司天监言：'客星没，客去之兆也'，初，至和元年五月，晨出东方，守天关，昼见如太白，芒角四出，色赤白，凡见二十三日。"从记录中可以看出，这颗超新星在最亮的 23 天里就连白天也可观测到。从公元 1054 年 7 月 4 日（至和元年五月己丑）在金牛座星（天关星）附近爆发至 1056 年 4 月 6 日（嘉祐元年三月辛未）消失，长达 643 天的时间里，对其方位和形态，我国史书均有详细记载。

　　公元 1731 年，有人用望远镜在天关星附近观测到了一块形状像螃蟹的星云，就将它取名为蟹状星云。又过了近 200 年，到了 1921 年，有人又发现这个蟹状星云不断地向外膨胀，根据观测到的膨胀速度来计算，这块星云物质是在大约 900 年前由其中心飞散出来的。这个时间与《宋会要》的记载很符合，而且位置也极相近，于是人们很自然地联想到，蟹状星云的形成是否与1054 年天关客星的出现存在着某种联系？经过许多学者的研究，确认著名的蟹状星云就是这一超新星爆发的遗迹。这一结论，在 20 世纪 40 年代初期已经得到世界天文学家的认可。

　　此后，随着现代观测手段的不断更新和发展，强大的射电望远镜的研制成功，使人们对蟹状星云这一1054超新星爆发的遗迹又有了新发现。据现代天文学理论预言，超新星爆发后，它的核心部分有可能坍缩成一颗中子星。中子星就是由中子态组成的星，中子态是一种特殊的物理状态，由于极高的压力和密度，原子外层的电子被挤压到原子核里面，电子与核内的质子结合成中子，因而形成了中子星。中子星的概念是20世纪30年代提出的，理论向实践提出了挑战，人们努力在观测中寻找中子星，20世纪60年代末有关1054超新星爆发遗迹的研究又传出了捷报，有人在蟹状星云中心发现了一颗脉冲周期很短的射电脉冲星，它的本质就是一颗快速自转的中子星，脉冲的周期就是中子星的自转周期。理论的预言终于得到了光辉的证实。中子星的发现过程再次体现了中国古代天象记录的重要性。

我国古代的天象观测记录无论是数量上还是质量上，在世界上都是无与伦比的，它必将会发挥出更大的作用。

 知识链接

宋苏颂星图

宋代苏颂《新仪象法要》中所附的星图，是我国目前发现的年代最早的全天星图之一。附图共两套，分五幅绘画。第一套是一幅圆图和两幅横图。圆图是紫微垣星图。横图一幅是西南方中外官星图，一幅是东北方中外官星图。第二套是两幅圆图，这两幅圆图以赤道为界，一张以北天极为中心，名为《浑象北极图》；另一张以南天极为中心，名为《浑象南极图》。由于我国地处北半球，距南极35°以内的星象看不见，所以图中留了一个空白圈。

苏颂东北方中外官星图，包含星名129个，计有星辰666颗。西南方中外官星图，包含星名117个，计有星辰615颗。两幅图上所标二十八宿距度数值与《元史》中所载元丰年间（1078—1085年）的观测记录相同，说明这些星图是根据实测绘画的。因此，它是研究宋代天文学的成就和考订中国星座星名的宝贵史料。

彗星和流星

彗星是除日食以外，最能引起古人惊异的天象。中国古代对彗星有系统的观测记录。《中国古代天象记录总集》记录，中国古代有彗星记录一千余次。中国古代的彗星记录最早见于《春秋》，鲁文公十四年（公元前613年）秋七月，"有星孛入于北斗"。这也是关于著名的哈雷彗星的最早记录。中国古代对彗星的观察非常细致，并且根据彗星出现的方位和形状的不同给其命名。《开元占经》引石氏曰："凡彗星有四名：一名孛星；二名拂星；三名扫星；四名彗星，其形状不同。"

肉眼可见的明亮彗星通常是由彗核、彗发和彗尾三部分构成的，彗核与彗发合起来又称为彗头，彗头之后拖着的就是长长的彗尾。彗星按自己的轨道运行，当它远离太阳的时候，有一个暗而冷的彗核，并无头尾之分。而当彗星接近太阳时，在太阳的作用下才会由彗头喷出物质，形成彗尾。长沙马王堆三号汉墓帛书中，绘有各种不同名称的彗星图像，且形态各异，其中一些图像比较真实地反映了彗尾的不同形状和特征，说明战国时期的人们已经注意到了彗星的结构层次，对彗星的观测已经达到了比较精细的程度。

美丽的流星雨

彗星的最大特征便是它的彗尾。彗尾形状不同且大小不一，有的像一条直线，有的像一弯新月，有的宛如一把展开的扇子。每颗彗星的彗尾数目也各不相同：少数彗星没有尾巴，大多数是一彗一尾，但也有不少彗星有两条或两条以上的彗尾。如唐天祐二年（905 年）四月甲辰出现的彗星，尾长由三丈到六七丈，最后"光猛怒，其长竟天"。

在星际空间存在着大量的尘埃微粒和微小的固体块，它们在接近地球时由于地球引力的作用会使其轨道发生改变，因而能穿过地球大气层。由于这些微粒与地球相对运动速度很高，与大气分子发生剧烈摩擦而燃烧发光，在夜间天空中形成一条光迹，这种现象就叫流星。流星包括单个流星（偶发流星）、火流星和流星雨三种。特别明亮的流星又称为火流星。造成流星现象的尘埃和固体小块称为流星体，所以流星和流星体是两个不同的概念。穿行在星际空间，数量众多，沿同一轨道绕太阳运行的大群流星体，称为流星群，其中石质的叫陨石、铁质的叫陨铁。

流星雨，是许多流星从夜空中的一点迸发出来，并坠落下来的特殊天象。这一点或一小块天区叫作流星雨的辐射点。人们通常根据流星雨辐射点所在天区的星座给其命名，例如狮子座流星雨、猎户座流星雨、宝瓶座流星雨、英仙座流星雨等。我国关于流星、流星雨的记载也早于其他国家，举世公认的最早、最详细的流星雨记录见于《左传》："鲁庄公七年夏四月辛卯夜，恒星不见，夜中星陨如雨。"鲁庄公七年也就是公元前 687 年，这也是世界上关于天琴座流星雨的最早记录。

知识链接

洛阳北魏星图

1974 年，在河南洛阳市以北朝阳公社向阳大队发掘了一座北魏古墓。这座古墓在新中国成立前已多次被盗，随葬物大多遗失，只有墓室穹窿顶的星象图，由于高达 9.5 米，盗墓者又要它无用，才得以保存下来。

在星象图中，银河纵贯南北，波纹呈淡蓝色，清晰细致。星辰为小圆形，大小不一，计有300余颗。有些星用画线连起来，表示星宿，最明显的是北斗七星。还有许多作为陪衬用的单个星象。整幅图的直径7米许。这个星象图不仅具有象征性的一面，而且有它写实的一面。

这幅星象图是我国目前考古发现中年代较早、幅面较大、星数较多的一幅。它比苏州石刻天文图早约700年，比苏颂《新仪象法要》星图早约500年，比敦煌唐代星图要早约400年。它是研究我国古代天文学的一份珍贵的实物资料。

这幅星图与苏州石刻天文图有不少相同之处，比如北斗形式、紫微垣部分、赤道、黄道以及一些星官的形式等，两图均相同。而星图中又绘有红标尺，还用带毛的星表示"气"等，这又是西方的特色。因此，莆田星图可算是中西文化交流的又一个物证。

此外，这幅星图的中央即小圆，贴有罗盘。图上的小圆和大圆分别相当于罗盘的内圈和外圈。这虽然很难说它是一幅导航星图，但它至少可以说明我国民间对航海天文的重视，无疑为我们研究我国古代的天文导航提供了难得的资料和线索。

第二节
奇妙的宇宙

天河上的美丽传说

我国古代有许多和星座有关的神话传说，最完整、最有趣味而又最为人熟知的当数牛郎织女的故事了。作为故事主角的牛郎织女二星宿是西汉时才有记载的，但这故事的起源应该要早得多，从中也可以看出古天文学发展的一些蛛丝马迹。

夜空美丽的银河

《荆楚岁时记》和《月令广义·七月令》所引的《小说》曾记载：天河之东有织女，是天帝的女儿，年年辛勤地纺织，织成云锦天衣。天帝可怜她一人独处，就把她嫁给了天河西边的牵牛郎。结婚后织女却懒于纺织，天帝知道后很生气，就责令她回到天河以东，允许二人一年一度相会。从现在的星象看，织女星在天河以西而牵牛星在天河以东，但故事中为什么却说"河东织女""河西牛郎"呢？又如杜甫有一首叫《牵牛织女》的诗，开头两句说："牵牛出河西，织女处其东"。以至于清人浦起龙谈到这首诗时说："'牵牛织女'四字宜倒转。牵牛三星如荷担，在河东；织女三星如鼎足，在河西，公涉笔偶误耳。"从后世的星象看，浦起龙所说是有道理的，但杜诗绝非"涉笔偶误"，从前面所引的《荆楚岁时记》的故事中可以证明。再如晋代陆机的《拟迢迢牵牛星》诗说，"牵牛西北回，织女东南顾。"宋佚名《锦绣万花谷》引张文潜《七夕》诗也说："河东美人天帝子"，"河西嫁与牵牛夫"等，都与后世的天象不符。但却与公元前2400年前的天象暗合。根据计算，公元前2400年牛郎星在织女星以西。我认为，这无意中透露了一个秘密，即牛女神话的创始年代应在公元前2400年。那时正是中国原始社会的母权制时期，那时的先民们已注意观察星象，除日、月以外，最早认识的恒星应该就是北斗、

牛郎星与织女星

北极、心宿、织女星等。夏代曾用织女星来判定时节，如《夏小正》中说："七月，初昏织女正东乡（向）"，"十月，织女正北乡（向）则旦"。足见织女星在远古人类心目中是很重要的星宿。由于织女星是北天空很亮的一颗星，除大角星之外，就数它最亮了。而织女星正处于天河旁，比大角星更容易辨认，所以先民们就把它取名为和女性有关的星。这应当是母权制氏族社会繁荣时期尊重女性的痕迹。随着人们精勤观测星象的进展，先民们于北斗、织女等星外，又陆续认识了其他一些星宿。于是又在天河的另一边选取了三颗星（中间一颗"河鼓二"也较亮），取名为"牛"，并说成是织女的丈夫。这两颗星相比，织女比牵牛亮多了，可见牛郎织女的神话传说还残留着以女性为中心的对偶婚的印迹。并且从中也可以想见，我们的祖先对天象的观测是非常古老的，不过因为当时文字还未产生而没有记载下来罢了，当时观察天象的人也是很普遍的，正如顾炎武所说："三代以上，人人皆知天文。"

随着对天象的不断观察，古人发现牛郎和织女二星总是距离遥远，而且中间有天河相隔，或许就是因为这个现象才出现了牛郎和织女两人被隔离而不能团聚一处的创作动机吧。然而，当二星宿来到正上空子午圈上时，二者的距离就会变得较近。而这种情形如在每天的同一时间观看，每年只有一次，所以才有了牛郎和织女一年相会一次的创作。牛、女二人隔着天河如何相会呢？《岁时广记》引《淮南子》说："乌鹊填河成桥而渡织女"。《岁华纪丽》引《风俗通》说："织女七夕当渡河，使鹊为桥。"为什么要选在七月七日相会呢？因农历七月初昏，牛、女二星都在子午圈上，在人们视觉中，二星相距似乎近多了，所以把七月初七的晚上当成二星神相会之期。后来七月初七就成了妇女们的节日。为什么以乌鹊为桥而相会呢？因为这时正是乌鹊脱毛的季节。宋代罗愿《尔雅翼》说："七月七日鹊无故皆髡，相传是日河鼓与织女会于汉东，役鹊为梁以渡，故毛皆脱去。"南朝梁庾肩吾《七夕》诗中说，"情语雕凌鹊，填河未可飞"，即言此事。实际上，牛郎星的体积只有织女星的1/3，质量也只有织女星的一半，二星相距有16光年之遥，乘坐每秒行11公里的火箭，还要飞行40万年；即使通一次电话，对方也要16年后才能听到。二星永远也不可能相会。织女星比太阳还大得多，温度比太阳高5000℃，光度是太阳的50倍，在我们眼中，她却是那样温柔幽美，就因为它离我们太远了。

因为关于牛郎和织女的神话是以两个平民作为主角的，所以其不像其他与帝王大臣有关的神话那样容易被后人"历史化"，而是更容易被文人编入古籍中。但是，因为这个神话与天上的两个著名星宿有关，而且故事较为生动，所以在民间广为流传。终于在《诗经·小雅·大东》中有了关于牛、女、天河的文字描述，虽没引出故事，但却抓住了牛女故事发生的主要场所（天河）和二人主要的职业特点（女织布，男以牛运载）。到了秦汉时代，国家出现了大一统的局面，君主制政体确立，反映在天文学上则是把满天似乎杂乱无章的星宿说成了一个等级森严的"星国"。有帝、后、公、卿、将、相、太子……织女星也被说成是天帝的女儿（一说孙女）。织女由于和天帝攀上了血统关系，而身价倍增，所以汉代以后有关牛女故事的记述就多起来了，汉武帝时还在昆明池旁为牛、女二星神塑了像。东汉末年还出现了专以牛女神话为内容的诗篇《迢迢牵牛星》。可以说，到了汉代，有关牛女的神话已经妇孺皆知了，且历经数千年而不衰。望着满天的星斗，不少人会"卧看牵牛织女星"，指着牛女二星宿，谈论关于牛女的神话。

把牛、女隔开而又年年于此相会的天河，古人称为"汉""河""津"等。就因为古人把这2000亿颗恒星组成的白云状光带看做是似云非云、似气非气的"水之精"，故有"盈盈一水间""河汉清且浅"之语。据说银河是由无数的远星组成的，在外国是由创制望远镜的大科学家伽利略最先发现的，在中国是由明代的大科学家徐光启最先说明的。但我国的古人早把天河称为"星汉""星河"，似乎也有着天河乃是无数远星构成的联想，只不过没有说得更明确、缺乏专门的论述罢了。如三国魏曹丕《燕歌行》："明月皎皎照我床，星汉西流夜未央。"《南齐书·张融传》："湍转则日月似惊，浪动而星河如覆。"还有把天河称为"星津"，把天河上的鹊桥称为"星桥"等，都有着把天河看做是远星组成的设想。

知识链接

新疆吐鲁番天文图

在1963—1965年间，新疆维吾尔自治区博物馆对吐鲁番县阿斯塔那和哈拉和卓两地区的一部分墓葬进行了发掘。

在属于第三期（盛唐到中唐时期，即公元7~8世纪）的65TAM38号墓葬中发现有壁画。该墓是一座大型双室墓，主室顶部及其四壁上部均绘有天文图，图中用白点表示二十八宿，星象之间以白色细线相连接。东北壁用红色绘圆形图像，象征太阳，内有金乌；西南壁用白色绘圆形图，图内有桂树和持杵玉兔，象征太阳即月球，旁边绘画一弯残月，象征朔望。横穿墓顶绘画白色线条，可能是象征银河。

这幅星图尽管是示意性质的，但它反映了我国古代少数民族和汉族在文化方面的紧密联系。同时还说明，我国古代天文学知识的普及是相当广泛的。

星宿王国的"中心"

人的肉眼所能看到的星星，大约有五六千颗之多。为了便于辨认，人们就把邻近的星星联系起来设想成一个图形，叫作星宿；外国也是这样，叫作星座。古人对于星宿的取名，原本与生活现象有关，如牵牛、织女、箕、斗、营室、毕、井、斗、弧、矢等星。我们这里要说的北斗和北极星的取名也是这样，因北斗形如舀酒之斗或羹斗，所以被称为"斗"。如《楚辞·九歌·东君》所言"援北斗兮酌桂浆"一句，洪兴祖补注说："此以北斗喻酒器者，大之也。"北极星因为靠近天球正北的极点上，所以叫作北极或北辰。秦汉时期，国家出现了大一统的局面，集权制确立，星空也被安排为等级森严的王国，北极星、北斗星所处的拱极一带被当成星国的中心，司马迁在《史记·天官书》中把这一带叫作"中宫"，其他则分属东、西、南、北四宫，后来把全天的星宿划分成"三垣""二十八宿"，北极星为中心的一带被叫作"紫微垣"，象征着地上的皇宫。在这个星国中，北极星成了至高无上的尊星，犹如人间的帝王，其他还有什么三公九卿、将相后妃、太子帝女等，北斗则被当成了天帝的车子，也提高了身价。《史记·天官书》说："斗为帝车。"司马迁并且说北斗"运于中央，临制四乡（向），分阴阳，建四时，均五行，移节度，定诸纪……"在星国的中心，北极和北斗又显得特别重要。由于我国的纬度较高，看拱极星的运动特别显著，四五千年前，北斗星比现在更靠近北

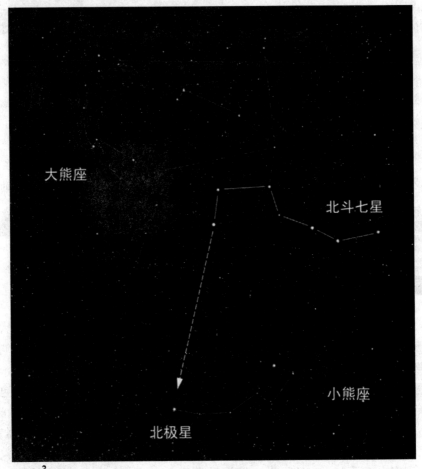

大熊座

北斗七星

小熊座

北极星

北斗七星与北极星

极，无论什么季节，终夜出现在地平线上，十分便于人们观望，所以自古以来我们的祖先就很重视北斗和北极星的观察。

北斗有星七颗，依次名为天枢、天璇、天玑、天权、玉衡、开阳、瑶光。七星如斗形，第一至第四星叫斗魁，第五至第七星叫斗柄或斗杓（也作斗标）。如把斗魁上的天璇、天枢连成直线，顺延下去，就可较容易地找到北极星。先民们最初认识北斗和北极星应是为了判断方向的需要。先民们辨别方向，白天可以利用太阳，晚上就可以利用这终夜不没的北斗和北极星，这从后代的记述也可以看见，如《公羊传·昭公十七年》："大火（心宿二）为大辰，伐（参宿）为大辰，北辰亦为大辰。"何休注："北辰，北极，天之中也。常居其所，迷惑不知东西者，须视北辰以别。"《抱朴子·嘉遁》也说："夫群迷于云梦者，必须指南以知道；并于沧海者，必仰辰极以得反"。这里的"辰极"就是指的北极星。又如《淮南子·齐俗》称："夫乘舟而惑者，不知东西，见斗极而寤矣。"斗极就是北斗和北极星。直到宋代的黄庭坚还说："闻鸡凭早晏，占斗辨西东"，《早行》诗，也是说借观测北斗以分辨方向。

后来，人们又发现利用北斗星柄的指向可以判断季节时令，远在夏代的先民们已经开始懂得这个规律。如《夏小正》所说："正月，初昏斗柄悬在下。六月，初昏斗柄在上。七月，斗柄悬在下则旦"。《鹖冠子·环流》说得更明确："斗柄东指，天下皆春；斗柄南指，天下皆夏；斗柄西指，天下皆秋；斗柄北指，天下皆冬。"即记述了先民们"均斗杓以命四时"的情状。这里所说的观测斗柄指向的时间，都是每天的初昏。李白《惜馀春赋》说："天之何为令北斗而知春兮，回指于东方。"唐岑参《送二十二兄北游寻罗中》诗中也说："斗柄欲东指，吾兄方北游。"都是用斗柄东指，来表示春天将至，也就是立春了。古人不但以斗柄的指向判断四季，进而还以斗柄的指向来计算月份和二十四节气。人们把斗柄所指之辰称为"斗建"。如正月斗柄指寅，称建寅之月；二月指卯，称建卯之月等。《汉书·律历志》说："斗建下为十二辰，视其建而知其次。"《淮南子·天文篇》则详列了斗柄的指向和二十四节气的对应关系。

北斗星在天空中旋转，斗柄所指的方向，就一年来说，它是四季、十二月、二十四节气的指标；而就一天来说，它又是时刻的标记，特别是根据它来观测夜晚的时刻。北天空好像一个巨大的钟面，北斗星可以看作它的时针，所以有人称北斗星为观象授时、观星测时天上的标记点。三国魏曹植《善哉行》："月没参横，北斗阑干。"北斗阑干，谓北斗星倾斜，用以指夜深。《聊斋志异·萧七》："北斗挂屋角，欢然始去。"用北斗挂屋角，表示天将拂晓。唐李商隐《送从翁从东川宏农尚书幕》诗："少减东城饮，时看北斗杓。"北斗杓，指北斗斗柄，不时看看，以估量到了什么时刻。

满天的星宿初看杂乱无章、难以辨识，但如果把较容易辨认的北斗作为识别其他星象的钥匙就会感到井然有序了。通过北斗星的斗魁二星，可以较容易地找到北极星；通过北斗星，还可以较容易地找到其他星星。《史记·天官书》说："杓携龙角，衡殷南斗，魁枕参首。"携，连接的意思。通过北斗斗柄（杓）的指向可以找到大角星，通过明亮的大角星又可以较容易地找到

夜空繁星

角宿二星，进而可以找到东方苍龙的另外六宿：亢宿、氐宿、房宿、心宿、尾宿和箕宿。衡，指北斗星的玉衡星；殷，中也，指准的意思。通过玉衡星可以找到南斗星，根据南斗星进而可以找到北方玄武的另外六宿：牛宿、女宿、虚宿、危宿、室宿和壁宿。魁，指北斗斗魁。根据斗魁四星可以较容易地认出参宿来，又根据参宿可以较容易地找到西方白虎的另外六宿：奎宿、娄宿、胃宿、昴宿、毕宿、觜宿。认识了二十八宿中的大部分星宿，就可以参考星图进而认识星宿与二十八宿的位置辨认出其他星宿了。否则即使有星图，也会感到如乱麻一团。如近代天文学家朱文鑫先生所说的："察北斗之循行，足以窥大块之文章，握浑天之璇玑。"北斗星在古天文学中有十分重要的地位和作用，所以古人把它当做众星宿的"纲维"，称北斗为"维斗""斗纲"。如《庄子·大宗师》说："维斗得之，终古不忒。"成玄英疏解说："北斗为众星纲维，故曰维斗。"《汉书·律历志》也说："斗纲之端连贯营室，织女之纪指牵牛之初，以纪日月，故曰星纪"。

北极星是最接近北天极的星，它在人们的视觉中好像是恒止不动的，其实由于地球自转轴的进动，也引起了北天极的移动，即北天极也在悄悄地改变着它在恒星间的位置。对于我们地处北半球的人来说，不同历史时期所看到的北极星是不相同的。如孔子时代的北极星指的是右枢星（天龙星座 α 星），司马迁时代指的是帝星（小熊星座 β 星），宋代则指的是天枢星（在鹿豹星座），今则指勾陈一（小熊星座 α 星）。1.2 万年后织女星（天琴星座 α 星）将成为那时的北极星，2.4 万年后则复为勾陈一。2.58 万年为一周期，周而复始。《论语·为政》中说："为政以德，譬如北辰居其所，而众星共之。"共，"环抱，环绕"的意思。有人注释说："北辰，即北极星，指今之勾陈一（小熊星座 α 星）。"说北辰指北极星是对的，但说指勾陈一则错了，因为孔子时代的北极星和现在的北极星不是同一颗星。北天极在移动变化，北斗星也在变化，北斗星在 10 万年以前和以后的形状与现在差别也很大。

北斗和北极星在天象观测中的确非常重要，在等级森严的封建制度下，它们又被染上了皇权的色彩。北极星因处在众星拱绕的地位，所以诗文中常用以比喻帝位；因北斗环绕着北极旋转，所以人们常用以比喻京师；又因其明亮显著，所以又常用以比喻受人尊崇的人物，如"泰斗""山斗"一词即是。

天地与宇宙

战国时期的尸佼（约前 4 世纪）曾给宇宙下了一个定义："四方上下曰宇，往古来今曰宙"，即"宇"指的是向东、西、南、北、上、下六个方向延伸的空间，"宙"包括过去、现在与将来的时间。也就是说，宇宙乃包括空间与时间的总称，这是中国古代对于宇宙的经典式的定义。应该说，这一定义对时空是否存在界限、开端或终点的问题没有做出明确回答。对之，战国时期的墨家以及庄周、惠施、尹文、宋钘等人则有过明确的论述。

墨家认为"宇，弥异所也"，"久（宙），弥异时也"。就是说"宇"包括所有不同的场所，"宙"包括所有不同的时间。这样，宇宙就包括了所有不同的空间和时间，包括了无限时空的初步认识。墨家还认为："宇或（域）徙，说在长宇久"，"长宇，徙而有处，宇南宇北，在旦有（又）在莫（暮）：宇徙久。"意即物体的移动必然经过一定的空间和时间，而且随时都有其特定的场所，空间上由南向北，相应地时间上由旦到暮，空间位置的变迁是同时间的流逝紧密结合在一起的。这些论述把空间和时间统一于物质的运动之中，是有关时空之间辩证统一关系的精彩论述。

庄周指出："有实而无乎处者，宇也。有长而无本剽者，宙也。"这句话的意思是，庄周认为宇是有实而无边际的，也就是空间具有无限性，而宙是有长而无本原的，这说明时间的无穷性。庄周还曾虚拟商汤与棘的对白："汤问棘曰：上下四方有极乎？棘曰：无极之外，复无极也。"这足以说明了庄周思想中所体现出来的无限性。在庄周看来，天是"远而无所至极"的。如果将这两种说法加以联系，那就是说庄周认为天在空间上是无穷无尽的，如果要说其上下四方有一定的范围，那么六合之外也还是无限的。当然，这种理解在庄周的另一段话中得到了证明，即"六合之外，圣人存而不论，六合之内，圣人论而不议。"既然庄周把六合分为"之外"和"之内"两部分，那么，"之内"应该指的是天或者空间的某一范围。关于这一点，圣人是可以论述的。而"之外"指的是无穷无尽的天或空间，关于它，圣人只能是承认它的存在，却根本无法讨论。

惠施曾有"至大无外"之说，他认为空间是没有外缘的，这也是关于空间是无限性的学说。尹文、宋钘也有"道在天地之间也，其大无外"的说法。在他们看来，既然天地之间的道是无穷的，那么，天地在空间上必定是无穷的。

可见，把天或者天地同宇宙等量齐观，认为它们在空间上都是无限的，此种观点是战国时期的一种思想。

在前面提到过，春秋战国时期早已经存在一个天地生成演化过程的思想，也就是说天地在时间上并不存在无限性。在当时的很多人看来，与宇宙相比较而言，天地至少在时间上是有限的。就整个宇宙来说，大约在西汉早期，天地在空间上也是有限的思想已经产生，这从前面已提及的《淮南子·天文训》的有关论述可以看得很清楚。可见，天地是宇宙的部分空间中"有涯垠"的气演化生成的，而宇宙在空间和时间上都具有无限性。

东汉郗萌—黄宪宣夜说则认为天地在空间上都是无限的。黄宪说得十分明白，如果说有涯，只是针对日月出入的范围而言，而日月之外的天或者叫作太虚则是无涯的。这同战国时期一些人的观念是相通的。

王充的平天说以为天地是相互平行的、互相延展的两个平面，这是一种特殊的天地无限论。

关于宇宙空间的无限性，张衡在《思玄赋》中咏曰："廓荡荡其无涯兮，乃今穷乎无外。"而在《灵宪》中，他更指出："过此而往者，未之或知也。未之或知者，宇宙之谓也。宇之表无极，宙之端无穷。"张衡认为在他所给出的天地的八极里数之外，是他所未知的领域，那便是无穷无极的宇宙，他极其明确地把天地与宇宙区分开来，是对《淮南子·天文训》所表达的思想的再论述。

宇宙太空

自春秋战国以来，认为有始必有终的思想广为人们所接受，但东晋葛洪却不以为然，他在《抱朴子·论仙》中指出："夫言有始必有终者多矣，混而齐之，非通理矣"，"谓始必终，而天地无穷焉"，他承认对一般事物而言是有始必有终的，而天地则是例外。认为天地有始，但却是无终的，天地一旦生成，便将永远存在下去。看来，葛洪可以算半个天地永恒说者了。关于天地的空间属性，葛洪认为"天地之间，无外之大"，亦把天地与宇宙等量齐观。这就是说，这种观念同天地乃宇宙一部分的见解，在中国古代是并存的，只是后一种见解在后世得到了长足发展。

在前面提及《列子·天瑞》中关于"夫天地空中之一细物也"的思想，是《淮南子·天文训》和张衡说得更形象、更生动的引申。而在《列子·汤问》中，还有如下更精彩的论述：

汤曰：然则上下八方有极尽乎？革曰：不知也。汤故问。革曰：无则无极，有则有尽。朕何以知之？然无极之外复无无极，无尽之中复无无尽。无极复无无极，无尽复无无尽，朕以是知其无极无尽也，而不知其有极有尽也。汤又问曰：四海之外奚有之？革曰：不异是也，故大小相含，无穷极也，含万物者亦如含天地，含万物也故不穷，含天地也故无极，朕亦焉知天地之表不有大天地者乎，亦吾所不知也。

这段问答足以说明空间有极与无极之间的辩证关系。除此之外，这段问答还提出了一个重大命题，那就是人们所在的天地是否包含在另一个更大的天地之内的，同时还给出了有小天地、有大天地，天地"小大相含，无穷极也"的初步推测。与这种思想相似的还有佛家的三千大千世界之说。这种思想是伴随佛教而来的，传入中国的时间应该较早。

在前面提及佛家有关于一国土的天地结构的图像。亦据后秦佛驮耶舍译《长阿含经》和隋阇那崛多等译《起世经》等的记载，一国土乃是一个基本的单元，"即以此为量，数至满千，铁围绕讫，名一小千，复至一千，铁围绕讫，名为中千世界，即数中千复满一千，铁围绕讫，名为大千世界。其中四洲山王日月乃至有顶，各有万亿，成则同成，坏则同坏，皆是一佛之所统之处，名为三千大千世界，号为婆娑世界。"

即认为 1 小千世界 = 10^3 国土，1 中千世界 = 10^3 小千世界 = 10^6 国土，1 大千世界 = 10^3 中千世界 = 10^6 小千世界 = 10^9 国土。而小千、中千、大千为三个不同层次、不同数量的国土系统，这三者又合称为"三千大千世界"。此说自然是一种理想化的、虚构的设想，但它包含了天地（即国土）之外别有天地，若干个天地又组成不同层次的天地系统的思想，则是很有意义的推测。

上引《列子·汤问》的小天地结构与佛家的一国土的构成并不相同。《列子·汤问》的大天地大至"无穷极也"，而三千大千世界充其量多至 10 亿个国土，也还是有穷。所以，两者是有区别的。但就总体思想而言，前者是否受到后者思想的刺激，应该说这种可能性是存在的，当然最终的证明还有待更深入的考察。

佛家的上述思想在中国古代影响颇广，而且中国学者又多有发挥。如梁代僧祐（俗姓俞）曾著《世界集记》，其序曰：

夫虚空不有，故厥量无边，世界无穷，故其状不一，然则大千为法王所统，小千为梵主所领，须弥为帝释所居，铁围为藩墙之域，大海为八维之浸，日月为四方之烛。

他主张三千大千世界之说，并引进了虚空无边，世界无穷和各世界"其状不一"的概念，使各国土的状况有所变化，替代三千大千世界的单调模式，凸显了世界复杂性、多样性的思想。又如唐代顾况《苏州乾元寺碑》所指出的：

有虚空之体，大于天地，天地有尽，虚空无尽，如来之体，大于虚空。

此中不脱佛教的色彩，但寥寥数语，把天地与宇宙的关系作了很好的概括。唐代柳宗元在《天对》中对天的无限性也有所论述，他指出天"无极之极，莽弥非垠"，"东西南北，其极无方"，"无青无黄，无赤无黑，无中无旁，乌际乎天则？”即认为天广阔无垠，东、西、南、北四个方向都没有止境，天没有青黄赤黑之分，也没有中心和边缘，怎么能划分哪里是天的边界呢？其中关于天没有所谓中心的思想，是对空间无限性问题的独到见解。可惜，柳宗元的这些论述是以他的平天说为出发点的，即以为天是一个无限延展的平面，这就大大降低了他关于无限性论述的价值。

　知识链接

仰　仪

　　仰仪是郭守敬创造的一件用来测量天体球面坐标的仪器。它是一个直径一丈二尺的铜质半球面，犹如一口仰放着的大锅。锅口上刻着四维、八干、十二支代表二十四方位。锅口又相当于地平环，上面刻有一圈水槽，以便注水用来校正仪器的水平。在锅口的正南方，即午位安着两根十字相交的竿子，竿子南北方向设置，其北端伸向半球的中心，在北端又安有一块中心开小孔的小方板。小方板可以东西向和南北向转动。在仰仪内部的半个球面上刻画着赤道坐标网，刻画的方法是将地平面之上的半球通过小孔投影到内半球面上。太阳光透过小孔在仰仪球面上形成一个太阳像。这样，可以从坐标网上直接读出太阳的时角、地方真太阳时和去极度。尤其是在发生日食的时候，可在仰仪上清楚地观看日食发生的全过程，还可以测定不同食相的方位、时刻以及时分的多少，很是直观、方便。这件仪器造成后，曾传入日本和朝鲜。

流星雨和陨石

　　古人对于流星雨和陨石现象也有所观测，对于它们的本质也曾做过讨论。《春秋》鲁庄公七年：“夏四月辛卯，夜恒星不见，夜中，星陨如雨。”

　　这是发生于公元前687年的一次流星雨的记录。对于这条记录，《左传》

的解释是："夏，恒星不见，夜明也。星陨如雨，与雨偕也。"

认为"星陨如雨"是说星陨和下雨两件事同时发生。晋代杜预注也持这一观点。而《公羊传》则指出：

> 恒星者何？列星也。列星不见，何以知夜之中？星反也。如雨者何？如雨者，非雨也，非雨，则曷为谓之如雨？不修春秋曰：雨星不及地尺而复。君子修之，星陨如雨。

"星反也"，是说夜半前后，列星又可见，故可知"星陨如雨"发生的时刻在半夜。这里认为如雨不是真有雨，是说星陨之状似雨。"不修春秋"即未经孔子整理的鲁国的史书，其记述是：星陨像下雨一样，但又不是雨，它总是不抵达地面则止。这就是孔子所说的星陨如雨。而《谷梁传》则云：

> 恒星者，经星也。日入至于星出谓之昔。不见者，可以见也。夜中星陨如雨，其陨也如雨，是夜中与……其不曰恒星之陨，何也？我知恒星之不见，而不知其陨也。我见其陨而接于地者，则是雨说也。着于上，见于下，谓之雨。着于下，不见于上，谓之陨，岂雨说哉。

天落陨石

它也主张"星陨如雨"不是有雨，而是像雨，雨是有云见于上，有水落在地，陨星则上不见其发端之处。《春秋》传三家的共同点是都承认有星陨落，其分歧则在于是否有雨，以及只是说有较多的星陨落，还是星陨落像下雨之状。后两家之说较接近事实，而"不修春秋"之说则最为明确与可信。

东汉王充在《论衡·说日》中也论及此。在当晚有雨还是无雨问题上，他不同意《左传》之说，认为既然如左丘明所说"夜明也"，"明则无雨，安得与雨俱"？此论是颇得当的。可是，王充又认为"实者，辛卯之夜，陨星若雨而非星也"，"今见星陨如在天时，是时星也非星，则气为之也"，即认为本不是真有星陨落，而只是某种气像雨一样陨落而已。

王充之说没有造成多少影响，星陨如雨在中国古代作为流星雨现象的专有名词，十分贴切地记述了天琴、英仙和狮子座等一系列著名的流雨星现象。

《春秋》鲁僖公十六年："春，王正月，戊申朔，陨石于宋五。"

这是发生于公元前 644 年在宋国境内陨落五颗陨石的记述。对此，《左传》十分明确地指出："陨星也"，即认为落在宋国的五颗陨石是五颗星陨落的结果。《公羊传》和《谷梁传》对此说均未提出异议，亦即都认可了陨石是来源于天上的星的思想。

战国时期的甘德也曾描述过陨石的状况及其见解：

无云而雷，石陨随地，大可一文，围形如鸡子，两头锐，名曰天鼓。

春秋僖公十六年，陨石于宋五，此时宋襄之应也。望之是星，至地为石。

前者是关于一颗大陨石落于名叫随的地界内的生动记述，这一陨石形如鸡卵，两头较尖锐，直径约一丈。可是，此记载罕为人们所提及，我们认为这是我国古代最早的陨石记录之一，理应得到足够的重视。而后者则是对于陨石原是星，陨落至地变而为石的又一明确论述。也许甘德正是知道有前者所述的陨石，才对陨石的本质有如此明确的认识的。

西汉司马迁《史记·天官书》也指出：

星坠至地，则石也。河、济之间，时有坠星。

《汉书·天文志》亦赞同此说。

东汉王充《论衡·说日》则认为，同"星陨如雨"不是星陨，而是某种气陨一样，陨石也不是星陨为石，而也是某种气陨为石。

张衡《灵宪》则指出：

夫三光同形，有似珠玉，神守精存，丽其职而宣其明，及其衰，神歇精鞍，于是乎有陨星。然则奔星之所坠，至地则石矣。

他认为陨石在未陨之时，跟日月与其他星辰没有什么不同，后来只是由于某些星的精气渐渐衰竭，才终于坠地而成为陨石，这与前人的相关论述相比前进了一步。

其后，郑玄也有所论述：

天清明无形。或曰星陨，石，何也？曰：光耀既散，气凝为石。如人之精神既散，形亦刚强矣。

郑玄明确地指出，星陨之前本也是精气组成的，当其陨落时，才失去光耀，而精气则凝结而成石。

东晋葛洪《抱朴子·外图》云：

陨石于宋五，非星也。

天或雨血、雨鱼、雨灰、雨草木、雨兵，如此是天降怪异，无所不有。春秋时陨石，所谓雨石者也。何必星乎？或四方高山之石，飞行为怪，坠之于地耳。

这是中国古代反对星陨为石说的最重要论述。葛洪认为陨石并非来自天，而是和雨鱼、雨草木相似的现象，是高山之石迸发上天，而后又坠落到地上的。我们知道，西方在 18 世纪以前都持与葛洪相类似的观点，直到 1803 年在法国罗曼蒂省小鹰村附近找到确实从天上降落的陨石，陨石来自天的观念才为人们所接受。而在中国古代，星陨为石的思想一直占主导地位，且有着悠久的历史。

北齐颜之推（531—约597 年）在《颜氏家训·归心篇》中对星坠为石的观点曾作过认真的思考：

星有坠落，乃为石矣。精若是石，不可有光，性又质重，何所系属？一星之径，大者百里，一宿首尾，相去数万。百里之物，数万相连，阔狭纵斜，常不盈缩？又星与日月，形色同尔，但以大小为其等差，然而日月又当石也？石既牢密，乌兔焉容？石在气中，岂能独运？日月辰若皆是气，气体轻浮，当与天合，往来环转，不得错违，其间迟疾，理宜一等。何故日月五星二十八宿各有度数、移动不均？宁当气坠，忽变为石。

颜之推认为，如果众星原本是石，这在他看来，确实是难以想象的，径达百里的巨石怎能维系？又怎么能运行有常？如果众星是石，日月也应是石，那么日月上的乌和兔又怎么容身？日月比星体要大得多，也存在怎能维系和为什么运行有常的问题。所以，他是不同意众星原本就是石的看法。颜之推又认为，如果日月星辰原本都是气，这在他看来也疑点重重，日月星辰既是气，就应该与天同步运转，为什么日月五星却各按不同的速度运行？所以，他似乎也不同意日月星辰都是气的观点，但颜之推也提不出新说来，最后还是勉强同意星的精气陨坠，忽然变成石的旧说。

中国古代否定星陨为石说的有关论述，还来自佛家，据唐代道世《法苑珠林》卷六记载：

> 唐贞观十八年（644 年）十月内，申后，汾州、并州文水县两界，天大雷震，空中云内落一石下，大如碓礁，脊高腹平，……当时西域摩伽陀菩萨提寺长年师来到西京，内外博知，敕问答云：是龙食，二龙相争，故落下如石，准此而言，何必天落即云是星。

这位长年师的观点十分明确，即以为陨石并非来自天，他所依据的大约便是西方的通行观念。但是面对如此确凿的空中云内落石的事实，和唐太宗的正式询问，他婉转以中土崇信的龙食为说，这既不违背他关于陨石的基本观念，又堂而皇之作难以辩驳的玄虚之论，真可谓"内外博知"的大师。道世还提及：

> 宋时星落，陨星如石。或云非星，是天河石落。故俗书云天河共地河相连，故河内时有石落。如《须弥象图山经》云，天空有河，名耶摩罗，于虚空中行，亦有大石、小砂时有漏失，即执为星。

这是陨石非星，而是天河落石的见解，不过，在陨石源自天这一点上，它同星陨为石的观点则是一致的。道世显然不同意这种见解，他反对的理由是："此非正经，是俗所造，妄述流行，非是佛说。"道世认为对陨石的正确解释应该是："依内经，此诸星宿并是诸天宫宅，内有天住。依报所感，福力生现"，即众星是天神的宫宅，不会陨而为石，陨石乃是福力的显化，如此而已。

知识链接

《浑天仪图注》

《浑天仪图注》，又称《浑天仪注》，是张衡为首创的漏水转浑天仪所写的一本仪器结构说明书，它不仅是浑天学说的重要著作，也是我国第一本天文仪器著作。

浑天仪即浑象，是一种演示天象变化的仪器。张衡之前已有人制造，但张衡把漏壶同浑象连接起来，利用漏水计时的均匀性使浑象均匀运转，自动地表现天象，故称漏水转浑天仪。浑象部分是圆球状，四分为1°，直径四尺六寸多，上有南北极，转动轴沿此方向，两极出没于地平36°，周围有恒显圈（上规）和恒隐圈（下规），中有赤道和黄道，斜交24°，赤道距天极91°多。黄赤道上有二至二分点，各有它们的去极度数。为了说明这个结构，《浑天仪图注》先讲了浑天学说的天地模型：天体如弹丸，地如鸡中黄，天大地小，天包地，地在天中，天一半在地上，一半在地下，天地各乘气而立，载水而浮，等等。这些看法成了浑天学说的基本观点。

关于仪器的用途，《浑天仪注》讲述了利用黄赤道的关系考察黄道进退数度，进行黄赤道换算。这一点在历法计算中很重要，因为太阳循黄道运行，当时认为是均匀地一日行1°，但用赤道来度量会是不均匀的，其差数就是黄赤道差。由此还可解释二十八宿的赤道距度同黄道距度的不同。

在《初学记》中还引录了张衡漏水转浑天仪的另一部件漏壶，张衡使用了二级漏壶，用来补偿因水位变化而致漏水不均的缺陷，这一发明开创了补偿式漏壶的先例。此外，在《新仪象法要》卷上的"进仪象状"中，又记叙了张衡水运浑象的效果，"置密室中以漏水转之，令司之者闭户唱之，以告灵台之观天者，璇玑所加，某星始见，某星已中，某星今没，皆如符合"。这一创造对后世的影响极大。

第五章

古代的观天仪器和计时仪器

　　天文学家发明了各式各样的观天仪器和计时仪器，有各式各样的用途，让我们一起来了解中国灿烂的天文魅力，感知古人的智慧与精巧。

第一节
中国古代的观天仪器

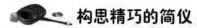 **构思精巧的简仪**

简仪是我国古代最重要的天文仪器之一。它构思奇巧，结构新颖，创造独特，至今在现代大型望远镜的赤道装置中还可以看到简仪的影子。

郭守敬摒弃了浑仪中将三种不同坐标圆环集中在一起的做法，不但取消了白道环，而且也取消了黄道环，把地平和赤道两个坐标环分解为两个互相独立的赤道装置和地平装置。赤道装置中保留了四游环、赤道环和百刻环，并将后两环重叠在一起置于四游环的南端，使四游环上方无任何环圈遮掩，除北天极附近以外，整个天空一览无余。此外，百刻环和四游环上的刻度更为精细，使用了360°分刻制，提高了观测精度。赤道装置由北高南低的两个支架支撑极轴，开创了高低支柱式赤道仪的先河；四游双环内装有的窥衡圆孔镶垂丝，这是后世望远镜中十字丝的祖先，进而提高了仪器的对准精度。

构思精巧的简仪

为了校准仪器的极轴，使仪器的极轴严格平行于天极轴，郭守敬在简仪的赤道装置上还安装了候极仪。地平装置是由安放在下部的地平环和一个直立的可以绕垂线旋转的立运环组成的，在立运环中间夹有窥衡，以测量天体的地平方位和地平高度。

简仪在我国仪器制造史上是一次飞跃和创举，它把我国传统的赤道式天文仪器发展到了一个新的高峰。欧洲直到 16 世纪末才由丹麦天文学家第谷创造了类似装置，但那已是郭守敬制造简仪 300 年之后的事情了。长期以来，西方一直沿用黄道坐标系统，从 16 世纪末才开始由黄道系统向赤道系统转变，并把这种转变认为是欧洲文艺复兴时期天文学的主要进步之一。因而，西方某些学者对我国元代郭守敬所创制的简仪在赤道式装置方面比第谷先行了 3 个世纪之久感到震惊不已。著名英国学者李约瑟博士认为郭守敬是赤道式装置的创始人，实际上我国赤道式装置发明远在郭守敬之前，从这一点亦可以雄辩地证明中国天文学和科学技术的进步。

1279 年郭守敬创制的简仪已于清康熙五十四年（1715 年）被毁，幸亏早在明正统二年钦天监官员曾到南京仿制木模到北京铸造，简仪的样式才得以保存下来。现陈列于南京紫金山天文台的简仪就是明代（1437 年）复制的。

纵观从浑仪到简仪的发展历史，它经历了从简单发展到复杂完善，又从复杂到简单的历史嬗变。它们现在已经成为历史文物，陈列于博物馆，但它作为中华科技文明的象征和纪念将永载史册。

知识链接

《新仪象法要》

《新仪象法要》三卷，北宋苏颂撰，这是又一本天文仪器专著，讲述水运仪象台的结构和原理，并附若干零件图样共 60 幅。

卷上开头有进仪象状 1 篇，讲述制造水运仪象台的始末和参加设制制作的人员，详细回顾了水运浑象从张衡开创以来历经唐一行、梁令瓒及宋张恩训等人的改进，指出苏颂、韩公廉制仪象台的创新之处，是一篇水运浑象史。接着介绍浑仪的各种结构，分 17 幅图分别讲各零部件的名称、尺寸、作用，这是最详细的一篇讲浑仪制造的资料。

卷中介绍浑象的外形、结构，也是分零部件逐件介绍，附图 18 幅，其中有浑象上面全天恒星的星图 5 幅。这 5 幅星图分成两个系统，一是以北极为中心的紫微宫（拱极区）星图，配之赤道带的横图，对于北半球的观测者来说，北极区和赤道区都比较明晰；二是以赤道为分界的南北两天球星图，这种图克服了我国传统的盖天式星图的缺点，使南天诸星的位置失真不大，但由于南极区在北半球看不到，故图上空白，这在我国古星图中是首次出现。

卷下详细介绍了水运仪象台的动力系统和报时系统各零件的形状、尺寸，有图 25 幅。报时系统能灵巧地报时，以钟、鼓、铃三种音响表示时刻，还有木人持牌显示时刻，主要利用了各种齿轮传动装置。动力部分是漏壶，为了控制漏水的动力使仪象匀速转动，发明了卡子，即擒纵器，是现代机械钟表的关键部件。

《新仪象法要》是一本极有价值的天文仪器著作，同时也是一本机械工程著作，对揭示我国北宋时代的天文学和机械技术水平有着重要意义，所以它受到了国内外学者的高度重视。

历史久远的浑象

据史料记载，在北宋时期，天文学家苏颂和韩公廉制造了这样一架仪器，它的天球直径有一人多高，球面上相应于恒星的位置上凿有一个个小孔，外面的光线透过小孔漏进来，就好像是天上的星星闪闪发光，天球用水力机械带动旋转。人坐在天球里面如同置身于旷野之中，极目远望昏旦星象的变化尽收眼底，这可以说是近代天象仪的祖先。所不同的只是天象仪的光源在天体之内，能表演丰富多彩的宇宙现象，而苏颂、韩公廉等人制造的浑天象光源设在外面，表演的内容比较单一而已。实际上在此之前，三国时期吴国一位叫葛衡的人就曾设计过一架地在天中，天转而地静的浑象，人也是钻在天球里面看天象，其设计思想也是具有开创性的。由上面的介绍我们可知浑象就是演示天象变化的仪器。但我们只阐述了它的一种类型，另一种主要的类型是人在天球外看天象的变化，追溯其渊源已有很长的历史了。

我国有史可查的第一架浑象是西汉甘露二年（公元前52年）西汉宣帝时大司农中丞耿寿昌创制的，上面绘有天体坐标的一个直径为2尺多的圆球。有关它的详细资料很少，仅此而已。

东汉天文学家张衡在前人的基础上创制了"水运浑天仪"，有关它的传世资料比较丰富。这架浑象的主体部分是一个直径为4.6尺的圆球，球面上画有二十八宿中外星

浑象

官，黄道，赤道，南北两极，北极周围有恒显圈，南极附近有恒隐圈，还有二十四节气和可以挪动的日、月、五星等，浑象的转动轴北出地平36°、南入地平36°，相当于当时京城洛阳的地理纬度。水运浑天仪最突出的特点是它装有齿轮和机械传动装置，利用具有稳定性的漏壶流水推动浑象均匀地绕极轴转动，同天象的转动协调一致，能比较准确地演示天象的变化。据史书记载，浑仪制成后将它放在一密室中做示范表演，一人在室内观看浑象转动，另一人在室外观看实际星空的变化，室内人高声念唱浑象所显示的天象，即恒星的东升，西落，与外面的实际天象完全一致。这一贡献是划时代的，它开创了后代制造自动旋转仪器的先声。此外，在这架浑象上还配备了一个名叫"瑞轮蓂荚"的附属装置，从每月初一起，每日转出一叶木板到地平线上，十五日则出现15片，然后每天转入一片，到月底落完，相当于一个机械自动日历，可以表示日期的变化。

张衡所开创的水运浑象，在后代有了长足发展。唐代开元十一年（公元723年），一行与梁令瓒制造了一个水运浑天，它首次将自动旋转的浑象同计时系统结合起来，即除浑象本身和靠"注水激轮"的动力部分外，又附加了一个自动报时机构，用两个木人敲钟、击鼓来报时。

北宋天文学家苏颂组织领导建造，韩公廉主要设计的元祐浑天仪象（今通称水运仪象台）是中国古代最宏伟、最复杂、最杰出的天文仪器之一。它是集浑仪、浑象和报时装置为一体的大型天文仪器，从元祐元年（1085年）开始设计到元祐七年（1092年）制作完成。

水运仪象台高约12米，宽约7米，是一座上狭下宽，呈正方形台的木结

构。全台共分为三隔：上隔是放置浑仪的板层，中隔是放置浑象的密室，下隔则是报时装置和全台的动力机构。这三个部分用一套传功装置和一个机轮连为一体。借助漏壶的水力转动机轮，带动浑仪、浑象和报时装置三个部分一起转动。

仪象台上隔的铜制浑仪，由龙柱支承着，底座上刻有水平槽用以调整水平。浑仪的结构大致与唐宋时代的浑仪相类似，只是剔除了自道环，在三辰仪里又加了一个赤道方向上的天运环，由传动装置带动它旋转，以便使窥管跟踪天体的周日视运动。浑仪观测室的屋顶设计为活动的，可以根据需要，自由摘脱。一则为避免风雨的侵蚀以保持仪器的精密性，二则观测时又可打开，这开创了近代望远镜活动的先河。

中隔放置浑象，天球的一半露在地平圈上面，另一半隐没在地平圈下。天球上标有全天恒星共 283 个星座，1464 颗恒星，上面刻有黄道、赤道和二十八宿，在赤道带上还装有齿牙，与下面的机轮连接在一起，可以借助水力和漏壶控制带动浑象旋转，一昼夜转动一圈，真实地再现日月星辰等天体的出没。

下隔装置较为复杂，南部有一个打开的大门，门内是自上而下的五层木阁，木阁的后面是机械传动系统。

第一层木阁，负责全台的标准报时，木阁设有 3 个小门，门口各有一个木人，每逢时初，有一红衣木人在左门摇铃；时正，右门的紫衣木人打钟；每过一刻钟中门的绿衣木人击鼓。

第二层木阁予以报告 12 个时辰的时初、时正的名称，相当于现代时钟的时针表盘。这一层只有一个门，门内有手抱辰牌的 24 个司辰木人，每逢时初、时正，司辰木人就按时在阁门前出现，指示时辰。

第三层木阁专报刻的时间。共有 96 个司辰木人，其中有 24 个木人报时初、时正，其余木人报刻。比如子正、初刻、二刻、三刻等。

第四层木阁报告晚上的时刻。门口只有一个木人，根据四季不同变化报更数。

第五层木阁内有 38 个抱牌木人，在夜间轮流转出门口，报告更筹的次数。

这些精彩、准确的表演，都是由后面的机械传动装置控制的。动力部分中的天关天锁等一套机构是继一行和梁令瓒之后最早的擒纵器，是近代钟表的关键部件，李约瑟博士认为"它可能是欧洲中世纪天文钟的直接祖先。"在欧洲有齿轮的钟和自鸣钟的发明，分别要到 12 世纪至 13 世纪后半期。而具有较为完善的齿轮系统的威克钟，则是在公元 1370 年才出现的，较之苏颂的水运仪象台晚了近 300 年。

浑仪中的三辰仪和机械传动装置结合在一起，使仪器随天球的运动而转动，这是现代天文台的跟踪仪器——转仪钟的祖先。在欧洲直到公元 1685 年才有意大利天文学家卡西尼，利用时钟装置推动望远镜随天球旋转，而这已是在苏颂、韩公廉等人设计了水运仪象台之后 600 年的事情了。

水运仪象台是我国古代天文仪器在综合化、复杂化方面达到高水准的重要标志。它是在东汉张衡、一行、梁令瓒

今人仿制的水运仪象台

等研究成果的基础上发展而来的，集古之大成。在这架仪器制成后，苏颂还专门编写一本叫《新仪象法要》的书，来介绍这架仪器的原理和结构，并附有 60 多张插图，所提及的机械零件达 1500 多个，这本书是我国历史上流传下来最早的机械设计史料。根据书中的设计图纸，专家于 1959 年复制了为原大 1/5 的水运仪象台模型，现陈列于中国历史博物馆内。

知识链接

《畴人传》

《畴人传》，清阮元编，1799 年编成，共四十六卷。收集历代天文学家、数学家的生平事迹和科学成就的资料，每人 1 篇，共 314 人（其中附记 34 人），并附有简短的评论。这本书是关于天文学家、数学家的专题资料集，辑录的都是史书中的原始资料，对天文学史历法史的研究很有帮助。在

阮元的影响和赞助下，1840 年罗士琳续编《畴人传》6 卷，跟阮元所编连续排卷，共增 45 人得 52 卷。1886 年诸可宝又编出三编 7 卷，128 人，体例与阮、罗相同，又将 1884 年华世芳所记的"近代畴人著述记"作为附录列于后。1898 年，黄钟俊编了第四编 10 卷，436 人，前后四编 69 卷共 900 多人，其中清之前大多是相当著名的人物。

阮元是位守旧派学者，他对当时从欧洲传进的西方天文学知识持抵制态度，在他对一些天文学家的评语中可以看出他的这一倾向，但是他对另一些人的评语是不无道理的，因此在读他的评语时应持分析态度。此外，该书尽量收集原始资料，给研究者提供资料线索，这对初学者来说无疑是非常有价值的一部参考书。

 **圭表**

圭表：从远古的时代起，人们在长期的生产和生活实践中就注意到岁月的交替、寒暑的更迭，察觉到冬季白天短，夏季白天长。在坐北朝南的房屋中，冬季太阳的影子延伸到屋里很长一段，而在夏季太阳的影子只划到房檐就溜走了。这种变化年复一年，周而复始，因此人们很自然地想到用竹竿、木杆或石柱作为专用的物体来观察影长的变化，于是便产生了中国最古老、最简单的天文仪器——表。圭表是由表发展而来的，它由两部分组成，一为在地面上直立的竿子，称为表；一为正南北方向平放着的尺，称为圭。最初圭和表是分开的，人们"立竿为表"，然后用一种叫"土圭"的玉质量度工具测量影长的变化。后来，中原地区的人们发现正午时分表影总是投在表的正北方向，于是就在平地上从表座开始向正北方向做记号，后又逐渐发展为用玉、石板、铜等材料在南北方向上做成固定的平板，并在其上刻上刻度，将圭和表作为整体连在一起，这样便更加有利于观测了。

圭表是一种十分简单、实用的天文仪器，根据表所投下的影子，可以得到许多天文数据，它具有下述多种用途。

1. 圭表可以确定方向

太阳在天空中运行。日出于东方在表西投下影子，日落于西方在表东投下影子，以表底为圆心画一大圆，将东西两影子与此圆相交的两个交点连接起来，此连线为东西方向，而连线的中点与表底的连线即为南北方向。

2. 利用圭表可以确定节气

大约至迟在殷商时期，人们已经懂得根据日影的长短来判定季节了。一天当中正午时太阳位置最高，影子最短；一年当中夏至日太阳位置最高、日影最短；冬至日太阳位置最低，日影最长；春、秋分两日介于二者之间，所以古人将冬至日又称作"日南至"，夏至日称作"日北至"。

用圭表来测定节气的原理很简单，主要是由于地球绕太阳公转的轨道面与地球的赤道面有一个大约为23.5°左右的夹角，当太阳在黄道上不同位置时，与天赤道的距离不等，由于天赤道与地球自转轴垂直，它在天空中的位置基本不动，而太阳在一年当中就好像有一个南北方向的周期运动。对于北半球的地面

古代天文台

观测者来说，当太阳偏南时，中午时表影长度较长。而随着太阳向北移动，中午时表影长度就逐渐变短了，因而人们就可以根据在圭表上所测得的日中影长来确定太阳在黄道上的相对位置，从而得知节气。在用圭表测定出冬夏至、春秋分等 24 节气的影长后，人们可以利用这些影长观测数据推算出一回归年的长度。只要将当时测定的冬至时刻与数百年乃至上千年以前史书中所记载的冬至时刻相比较，用它们之间相隔的天数除以相隔的年数，即可得到回归年的长度值。如果间隔的年数越长，精度就越高。大约最晚在春秋中期，利用圭表测定节气和回归年长度已经成为历法中的重要手段了。在公元前 5 世纪诞生的四分历中，回归年长度值等于 365 日就是采用圭表测影得出的。

3. 利用圭表测量地域

我们知道，在地球上地理纬度不同的地方，同一天正午时刻太阳的高度是不相同的，用同样高度的圭表所测得的影长也不相同，古人就是根据这个道理用圭表来测量两个不同地点南北之间的距离的。在很长一段时间里，人们都相信"两地相距千里影长差一寸"的说法，直到唐代僧一行用子午线的实测才彻底推翻了这一观点。但在当时人们就能够把地面上南北的位置与正午时刻太阳的高度联系在一起，也算是一个很大的进步。此外，根据冬至和夏至的影长还可以推算出当时黄赤交角和圭表所在地的地理纬度。公元 1747 年，欧勒（L. Euler, 1707—1783 年）根据其他行星对地球的摄动，指出黄赤交角在缓慢变化，我国史籍中大量有关圭表测影实测数据成为研究黄赤交角变化不可多得的宝贵资料。

圭表的发展有着很长的沿革历史，史料中的圭表记录最早始于东周鲁文公时期，而圭表的实际应用可能比这更早。相传西周初，周公在阳城（今河南登封告成镇）就设立了测景台。在西汉太初四年（公元前 107 年）就出现了铜制圭表。一般表高设计为 8 尺。

我国使用圭表的历史虽然很久，但流传至今的表却很少了，比较著名的有 1965 年在江苏省仪征县石碑村东汉墓中出土的一具袖珍铜圭表。表面上有凹槽，可以注水以检验圭面的水平。圭长 1 尺 5 寸，相当于传统圭表尺寸的 1/10。圭和表用轴连接，平时可以将表放倒在凹槽中，使用时再拉出来。表的上缘下面 3 厘米处有一小孔，可以插入一个小木杆，在木杆上悬挂一根系有重物的细线，用来检验表的垂直度。据专家们考证，此物件不是实用圭表，只是一件随葬用的模型或冥器，但它提供了迄今为止最早的有关圭表的物证。

另一铜制圭表陈列于南京紫金山天文台，此物为清代重修的明代铜圭表。

圭表的底座现存于北京古观象台，它与传统圭表所不同的是表高为 1 丈，即在明代正统二年制造的 8 尺铜表的基础上再加上一段弯曲的铜板而成，圭面长 16 尺 2 寸。

目前，北京古观象台在明代圭表底座的基础上也仿制了一架铜制圭表。

最著名的圭表为元代天文学家郭守敬创制的 4 丈高表，位于河南登封，它是传统圭表表高的 5 倍，圭面长达 128 尺，表高的增加无疑对提高观测精度是有利的，但随之也带来了"表高影虚"的缺点，太阳的影像投在圭面上往往模糊不清。郭守敬针对这一问题，创制了"景符"，它是一块可以调节倾斜度的铜片，铜片上有一个小孔，观测时只要调节铜片的倾斜度，使其与阳光基本垂直，并在圭面上沿南北方向移动景符，利用针孔成像的原理，太阳与横梁的影像就会清晰地投在圭面上。当横梁像正好平分太阳像时，就可在圭面上精细地测量表影长度了。郭守敬利用该表所测得的表影长度可精确到 5 毫，按元代一天文尺为 24.53 厘米来推算相当于误差仅 0.1 毫米左右，可见其达到的精度之高了。正是由于这些高精度的测量数据，郭守敬、王恂等编制的"授时历"中采用的回归年长度值为 365.2425 日，与我们现行公历值中回归年数值相同，但要比格里高历早 300 多年。我国古代先人的聪明才智和独特创造于此可见一斑。

继郭守敬创制 4 丈高表之后，明万历年间，邢云路在兰州又建一架 60 尺高的木表，它是我国历史上最高的圭表了。邢云路利用这座圭表得到了更为精确的观测结果，并据此推算出回归年长度值为 365.242190 天，与用现代天文学理论公式推算出当时回归年长度值相比只有 2 秒的误差，进而推动了历法的进步。

日晷

日晷的"晷"字古义就是太阳影子的意思。日晷是我国发明很早的计时器，它利用太阳光照射指针投影到有刻度的石盘上以表示时间。

在远古时代，人们就对太阳东升西落的运行规律有所认识，能够根据太阳在天空中的位置来估计当时的时刻。由于太阳光芒四射、十分耀眼，与其观测太阳，不如观测它的影子更为方便和切合实际，于是人们创制了日晷，用以测定一天中的各个时刻。目前一些专家倾向于日晷是由圭表演变而来的观点，当正午时分，即当地太阳的影子正好投在南北向的圭面上，在一天中

雕刻清晰的古代日晷

的其他时刻里表影投在圭的两边，如划定刻线，也可根据表影的长度和方位来确定时间，所以圭表可以称为是日晷的一种特殊情况。当我们到故宫博物院参观时，就可以在太和殿前看到一块石制的圆盘倾斜地安放在一座汉白玉的圆柱形底座上，盘中心竖立着一根铁针。这就是我们所讲的计时仪器——日晷了。

日晷的主要部件是一根表（又称作晷针）和刻有时刻线的晷面。有人曾形象地把日晷比喻为"太阳钟"，晷面为现代钟表的钟面，落在晷面上的表影为现代钟表中的时针，太阳每天在天空中由东向西运行中，就在无形地"拨动"这根时针，随时告诉人们准确的时刻，这的确是一个恰如其分的说法。

日晷又以放置方位的不同分为地平日晷、赤道日晷、立晷、斜晷和球晷等多种，但最常见的是地平式日晷和赤道式日晷两种。

地平式日晷的晷面是水平放置的，晷针不再垂直于晷面，而是指向北天极，晷针与晷面间的夹角即为北极星的地平高度（当地的地理纬度）。由于太阳周日视运动的轨道与天赤道面平行，因此它在地面上的投影就不会均匀，地平日晷晷面的刻度也是不均匀的。我国最早的地平式日晷是隋开皇十四年（594年）蛴州司马袁充发明的短影平仪。该仪晷面周围均匀地分为十二辰，这样一来就不能真实地反映时刻的变化了。司马袁充在比较冬夏至、春秋分等节气，太阳影长在晷面上所指示的时刻与漏壶滴水所表示的时刻后，发现它们有很大的差别。于是，他上书朝廷，建议用不均匀的时辰制度来代替均匀的漏刻制度，它的建议被理所当然地否决了。实际上，如果袁充在分析实测数据后，沿着正确的方向进一步思考就会发现问题的症结在于他所刻画的日晷是以实测为基准而分成不均匀的，这样一切问题就会迎刃而解了。遗憾的是袁充没有这样做，以至于他的发现也被泯灭了。

赤道式日晷，其晷面与赤道面平行，晷针垂直地穿过晷面，与地球自转轴平行，晷针的上端指向北天极，下端指向南天极，晷盘的上、下两面各刻有子、丑、寅、卯……等十二时辰，因晷面平行于天赤道面，它的刻度是均匀的。正午时分，即当地真太阳时 12 时线晷针的影子恰好落在正北方向上。由于从春分到秋分这半年时间内太阳位于天赤道以北，所以看上盘面的刻度；从秋分到春分的半年里，太阳位于天赤道以南，则需看下盘的刻度。赤道式日晷的最早记录见于南宋曾敏行所作的《独醒杂志》卷二，其中较为详细地记载了他的族人曾瞻民（字南仲）制作的一部赤道式日晷。对于它的形状、结构以及观测方法均有描述，它比司马袁充的短影平仪晚了 500 多年。由于赤道式日晷晷面与天赤道面基本重合，晷面刻度分布均匀、易于制作，所以计时精度要高于地平式日晷，因此我国古代又以使用赤道式日晷居多。

目前我国出土的石制日晷有三个：一为清光绪二十三年（1897 年）在内蒙古托克托城出土的，现藏于中国历史博物馆；一为 1932 年在洛阳金村（即古金镛城）出土的，现藏于加拿大安大略皇家博物馆；另一个仅存一小角残石。

西汉石制日晷的形状为一方形石板，中央有一较大、较深的圆孔，可能是使用时安插表的地方，因制表的物质易于腐朽，因此出土时并未发现。在以圆孔为圆心的大圆周围约 2/3 的部分均匀分布有 69 根辐射状的分划线，将这部分圆周均匀地分成 68 份，每份相当于圆周的 1/100。据出土情况和所刻文字可以断定它为秦汉时的遗物。目前，专家们在此仪器的用途方面尚存在分歧，有些人认为这个仪器不能用来测时，只是用作校准漏壶，掌管漏壶的人员用它来观察太阳出没的方位以确定漏壶换箭的日期（因为漏壶在使用的过程中需要根据昼夜长短的变化适时地换用不同的计时木箭）；也有人认为此仪是用来确定方向的，但大多数人认为该仪是个赤道式日晷，用于测定时刻，我国古代很早就实行了百刻制，在晷面上虽然只刻出了 69 条线，可能是由于夜间的 31 条线无须刻出，此外仪面是水平还是倾斜放置可以是人为所定，从均匀划分时刻线来看当为赤道式日晷，因为只有晷面安放在天赤道平面上，这个假设才是合理的。总之，这架仪器为后人研究日晷发展演变的历史，特别是研究圭表到日晷的演变历史提供了重要物证。

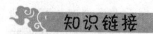

知识链接

流星记录

　　彗星和流星雨的关系在 100 多年前便已被观测到,那是由比拉彗星的分裂瓦解而揭示了秘密。1826 年发现了这个短周期彗星,绕日周期是 6.62 年,每次回归前天文学家都预先计算了轨道,但在 1846 年回归时它却在一夜之间分裂成两块,一星期后就成了两个差不多大的彗星,到 1852 年再见到时,俨然就是两颗彗星在同一个轨道上运动。可这是它们最后一次露面,以后的回归年份中都找不到它们的踪影。直到 1872 年 11 月 27 日,根据计算这一天应是地球同它们的轨道相遇的日子,当晚人们看到了壮观的流星雨,历时六七个小时,总流星量在 16 万颗以上。所有的流星似乎都是从仙女座的一点发出来的,这就是辐射点。人们想到比拉彗星这位久不回归的老朋友,发现这场流星雨就是比拉彗星瓦解以后的残片落进了地球大气层,最后烧掉消失了。1885 年 11 月 27 日,人们又一次看到了一场流星雨,但规模已不如 13 年前,可见比拉彗星的残片已进一步瓦解,所剩无几了。

　　彗星瓦解成流星雨的观测事实揭示了一个演化程序,即流星雨是彗星的归宿,而单个流星可能又是流星雨进一步瓦解的产物。当然,有许多彗星的轨道不和地球轨道相交,它们瓦解后不会落到地球上成为我们见到的流星雨,而是成群结队地在其轨道上运动,这就是宇宙中的流星群。也有些逐渐脱离原轨道而散布于空间,成为了单个流星体。当空间飞行器在飞行途中跟这些"散兵游勇"相遇时,有可能就会酿成一场灾难。

　　现在已经弄清了 8 个著名的流星群和彗星有关,这些彗星有的已经瓦解,有的还未瓦解。至于有些未能找到对应彗星的流星群,它们的母体彗星可能在古代便早已瓦解了。

　　在我国丰富的古代彗星记录中,彗星分裂的现象早有记录。《新唐书·天文志》载:"乾宁三年十月,有客星三,一大二小,在虚危间,乍合乍离,相随东行,状如斗。经三日而二小星先没,其大星后没。"这可能就是一次能追寻其后踪迹的线索。我国古代的流星群记录有 100 多条,彗星记录更多,沟通它们之间的关系,从历史上再来寻找彗星和流星雨关系的例证也是有意义的研究课题,可惜现在尚未看到这类工作。

西域仪象

西域一词,在我国历史上泛指玉门关以西的广大地区,有时甚至包括中亚、北非、东欧这大片地方。十二三世纪,蒙古族强大,多次西征,势力达到多瑙河流域,建立了庞大的蒙古大帝国。统治中亚一带的伊儿汗国,其建立者为元世祖忽必烈的弟弟旭烈兀,他们之间经常有人员往来,促进了中亚阿拉伯文化与中原文化的交流。1267年,天文学家扎马鲁丁来到元大都,带来了一批阿拉伯天文仪器,在《元史·天文志》里统称为西域仪象。

西域风情

按元史所载,"至元四年(1267年),扎马鲁丁造西域仪象"。根据下面著录的七件仪器来看,有些需就地建筑,不可能从远道带来。

七件仪器的名称均按阿拉伯文音译,伴以汉文意译。虽然《元史》中关于其结构介绍得很概要,并有一些错误,但它毕竟是有关传入我国的中世纪阿拉伯天文仪器最完整详备的资料,从中可以了解这些仪象的情况。

第一件,"咱秃哈刺吉,汉言混天仪也"。这是一架古希腊托勒玫式的黄道经纬仪,或可称黄道浑仪。该仪有二个转动轴,一是出地平36°的赤道轴,"可以旋转,以象天运为日行之道",这里"日行之道"为太阳周日运行的轨迹,不是指黄道。另一个轴是距赤道轴24°的黄道轴,上面铸有黄道圈和黄经圈,"亦可以旋转",可测定天体的黄道坐标。

第二件,"咱秃朔八台,汉言测验周天星曜之器也"。这也是古希腊式的,用以测天体天顶距。该仪用一根7.5尺的直立铜表,表顶有机轴可旋转,从表顶附一根5.5尺的铜尺和一根等长的窥管,尺和管下端之间置一横尺,三者组成一个等腰三角形。但窥管与横尺的连接处是可以滑动的,使窥管仰角能改变。《元史》中"下本开图之远近"一句似有误,"图"字疑为"闭"之误,"本"疑为"可"之误。如这样,这句话可理解为(窥管的)下部距铜表可以远近开闭之,就是上面的意思了。这种仪器在托勒玫的《天文学大成》里已有介绍,按用途可称为地平纬仪。

第三、四两件是一组,"鲁哈麻亦渺凹只,汉言春秋分晷影堂","鲁哈麻亦木思塔余,汉言冬夏至晷影堂也"。这两件仪器分别置于东西向和南北向的密室里,屋脊上沿东西向和南北向分别开一条缝,日光通过屋顶上的缝隙射到仪器上,以定春秋二分和冬夏二至。其工作原理同圭表测影相同。

第五、六两件是一组,"苦来亦撒麻,汉言浑天图也"。实际上这是一个天球仪,上标全天星象,有象征地平和赤道的环,有子午环、南北极。"苦来亦阿儿子,汉言地理志也"。这实际上是一个地球仪,以木为之,圆球状,七分为水,绿色;三分为陆地,白色,又画江河湖海。上面还有小方格状的经纬网。这件仪器可算是地球和地理经纬度概念第一次在我国体现,可惜的是它没有在元代天文学史上产生过什么重要影响。

第七件是一个阿拉伯星盘,"兀速都儿刺不,汉言定昼夜时刻之器也"。同地球仪一样,它也仅仅是存在而已,未产生什么影响,直到明末清初又由西方耶稣会士再次传入,才有人写书介绍它的原理和用途。

陨石记录

陨石历来就是研究天体的重要标本,现在已从陨石中得知空间含有很多种有机分子,给生命起源和演化研究提供了资料。古代陨石由于落地时间长,已受到地球上有机物的浸染,这一方面的研究价值已失去,但对历史上的陨石记录做一些统计分析还是有意义的。

古代陨石的资料过去只收集到不足 100 条,这对统计研究似嫌太少。20 世纪 70 年代大量明清地方志被查阅,得到数百条古陨石记录,使统计研究有了基础。首先是频数统计:每陨落一次陨石的平均年数,夏商时代由于记录遗失很多,达 500 年以上才有 1 次;明清以后,记录频繁,且都保存较好,平均每两年总有 1 次。这一情况可以想象得到,不足为奇。奇怪的是从秦汉到元朝的 1500 年间,号称发达的唐代却是陨石记录最少的时期——平均 58 年才记录 1 次,而汉代是 23 年,宋代是 18 年,这种现象恐怕就不能以记录遗失来解释了。

唐代 688—896 年是延续时间最长的一个低潮期,200 多年中一次陨石记录也没有。有人认为要对这种起伏变化做出解释是不容易的,但可能有两方面原因一定要提及,一是陨石降落有自身的客观规律,二是人们的科技水平、社会状态、关心程度、人口密度和分布。陨石降落密度和人口密度分布的统计表明,两者密切相关。我国历史上陨石记录最多的地区是:河南、江苏(包括上海)、河北(包括京、津)和山东,这四个地区正是我国人口最多、科学文化最发达的地区。若以平均分布密度来统计,则是江苏、河南、山东、河北,这正好是人口密度的排列顺序。出现这种情况也是可以想象的,因为陨石是要人去发现并记录的。

从月份的分布来看,夏季最多,约占 35%,春秋季差不多,各约占 25%,冬季只占 15%。上半年 60%,下半年 40%。这个结果与地球在不同季节和月份在太空处于不同的环境,人们的活动程度受季节和月份的影响有关。按陨

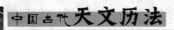
落时间来分析,白天多黑夜少,约是 6∶4,这可能是因为白天的陨石落下时与地球相对速度较小,不易烧毁而到达地面的机会较多,也和白天人们的活动较多有关。

关于陨石降落的时序分析,因为大量的陨石记录出现在明清时代,使统计工作不得不分段进行。1479 年之前和之后可分成两段,这可能是由于 1479 年以前的记载不详,有较多遗漏,也可能是陨石降落有超过人类文明史的更长周期。但在两个时段中 1 年内陨石频数和 10 年内陨石频数的相关分析都表明,存在着 240 年的周期性,这恐怕不是偶然的巧合。此外,在 620—1479 年时段和 1400—1920 年时段,都出现过 60 年的周期性,这又是一个意外的结果。当然,这仅仅是根据中国局部地区的资料分析所得出的,它是否显示了全球性的规律,还有待更多的资料来验证。另外,陨石现象并不是孤立的天文事件,应把它同极光、太阳黑子、地震、气象、水文等因素都集中起来做综合性的相关分析。

第二节
中国古代的计时仪器

古代的漏刻

漏,就是漏壶;刻,就是刻箭;漏刻也叫作铜壶滴漏。在我国古代,漏刻是一种比日晷用途更大的计时仪器,因为它不仅可以用来计时,还可以用来守时,而且不受白天或夜晚、晴天或阴天的限制。

史书上关于漏壶的记载,最早见于《周礼·夏官司马》,上面有挈壶氏条,记载了当时漏壶在军事行动中的重要作用,"凡军事,悬壶以序聚。"也就是说,每当遇到军事行动,就要用漏壶来定敲梆子的时间,从而对部队发号施令。《周礼》著于春秋战国时代,从记载中看出,当时的漏刻制度已经相当复杂,所以可以推断出漏壶的发明时间还要更早。究竟早到什么时候呢?在《隋书·天文志》上有一条很有意思的记载:"黄帝创观漏水,制器取则,以分昼夜。"黄帝是传说中的人物,距今已有六七千年的时间了,把漏壶的发明归结到黄帝身上似乎不太可信。但是,说看到漏水而想到造漏壶,还是符合人们认识事物的发展规律的。我国早在公元前四五千年的母系氏族公社期间就能够制造精美的陶器了。一些陶器有了裂缝,陶器中的水就会慢慢漏光;天长日久,人们就会把水的流失同时间的概念联系起来;再进一步,人们就会联想到专门制造一种有孔的壶用来计量时间。从自然漏了的壶到专门制造漏壶,这之间也许会经历漫长的岁月。当然,这只是推测,但是从这些史料中可以断定,漏壶在我国发明的时间确实很早。

根据史料的记载,漏壶的发展大约经历了淹箭法—沉箭法—浮箭法这样一个过程。最早的漏壶,就是一把带提梁的壶,在壶的底部或下边留一小孔,壶中放一箭杆,箭杆上刻有刻度,看水退到哪一刻度,就知道是什么时刻了,这就是淹箭法。由于水对箭杆的附着力,要准确读出水淹到哪一刻度是困难的,所以后来又发明了沉箭法。人们用一个竹或木的小托子浮在水面上,这个小托子叫箭舟;再给漏壶加一个盖,盖上开一小孔,箭杆从孔中插进去,立在箭舟上,这样当壶中水满时箭杆便升得很高。随着水的流失,箭杆不断下降,观测盖口遮到哪一条刻度线就可以读出时间了。沉箭法比淹箭法前进了一步。究竟是从什么时候开始使用沉箭法的,还没有找到可靠的史料证明。但是由于古代战事较多,从军队发号令的需求来看,淹箭法是不会使用很长时间的。

浮箭法比起前两种方法来要先进得多。使用浮箭法,可以说是漏壶发展史上的一个突破,因为它使刻箭和漏壶脱离开来,成为两部分,从而解决了沉箭漏本身解决不了的一个大问题,就是流速不均的问题。由于水的流速与水压有关,当壶中水很满时,水压最大,漏水就较快;随着水位的下降,出水口受到的水压也越来越小,漏水就较慢:如果箭杆搁在壶中(如沉箭漏),箭杆的下降就会时快时慢。当箭杆上刻度均匀时,实际上反映的时刻就是不均匀的。

而这个问题是沉箭漏无法解决的，因为它本身就是靠壶中水位降低来计时的。

浮箭法是用一把壶装水，水从这把壶中漏出去，称为漏壶；另用一个容器收集漏下来的水，箭舟放在这个容器中，称为箭壶；给箭壶加个有孔的盖，箭从孔中穿过，随着箭壶中收集的水越来越多，箭舟托着箭杆往上浮，从孔边就可以读出刻度数来，从而知道时间。这种漏壶叫作浮箭漏。显而易见，浮箭漏和沉箭漏的刻箭正好是相反的。

把刻箭和漏壶分开，就可以采取措施保持漏壶水面的稳定，从而会大大提高漏壶计时的准确性。当然，在给漏壶添加水的前后，水压还是有变化的，但比起沉箭漏来确实是一个大进步。这种最简单的漏壶，一直到了元时代还在使用。

后来，人们又发明了二级漏壶，就是在漏壶之上再加一把漏壶，这样下面那把壶流出去的水可以随时得到上面那把壶里流下的水的补充，这比起人工添加水更能自然地保持水面稳定。二级漏壶的出现不晚于东汉，因为张衡的漏水转浑天仪里，使用的就是二级漏壶。晋代的记载中有三级漏壶，唐代的制度是四级漏壶。现在保存于北京故宫博物院中的是清乾隆十年（1745年）制造的三级漏壶。

由于漏壶在古代生产、生活中有着重要作用，因而历代都比较注重并致力于漏壶的改进。除了增加漏壶的级数外，另一项重要的改进是分水壶的发明。第一个使用分水壶的是宋代的燕肃。他在1030年制造的"莲花漏"中首次使用了减水盏。在漏中，下匮有一个分水孔，当下匮中的水面超过分水孔时，水就会通过竹注筒流到减水盏中去。这样，只要上匮注入下匮的水量稍大于下匮流出的水量，就可以保持下匮水面的稳定性了。这个减水盏其实也就是后来的分水壶。但是，燕肃的这个发明却经过了6年，一直到1036年才得到被承认。

经过不断的改进，漏壶的结构日臻完善。下面，我们就保留下来的清代漏壶叙述一下用漏壶计时的过程。在北京故宫博物院的交泰殿中，保存有清乾隆十年制造的铜壶滴漏，正面上下排列三个方斗，称为"播水壶"。最下面是一个圆形"受水壶"，在第二个壶的下方另有一个分水壶，当第二个壶中的水面高于某一水位时，就会通过分水孔流到分水壶中去。正午十二时，最上壶装满水之后，水从龙口流出，依次向下壶滴漏，最下面受水壶盖上的铜人抱着漏箭，箭上刻着十二时辰（一个时辰是两小时），共九十六刻。漏箭底部安有箭舟，放在受

铜玛瑙漏壶

水壶内。水深舟浮,漏箭上升,从铜入手握处的漏箭观察时辰,经一昼夜,水满箭尽,将水泄入池内,再重新装水滴漏。

除了保存在北京的清代漏壶实物外,在广州还保存有元代的多壶漏。另外,在河北省满城、陕西省兴平县、内蒙古伊克昭盟杭锦旗还先后出土了三件西汉的漏壶,是目前发现年代最早的漏壶实物。

在漏壶运行过程中还有一些其他因素影响水位的稳定及漏水的精度,比如水的粘滞性有较大差异会影响到漏水的速度,环境温度和温度的差异会引起水的蒸发量不同,进而影响水壶中的水量,以及铜制漏水管的锈蚀等问题,这些问题的探索和解决为进一步提高漏壶的精度提供了条件。

在一般情况下,漏壶与日晷、星晷等仪器联合使用,比如白天可以通过日晷测影,夜晚通过观测恒星在天空中的位置来校准漏壶,使之误差缩小到最小的范围内,以完成守时、报时的任务。漏壶又称为铜壶滴漏,在中国几千年的天文发展史中起到了重要作用,与人们的日常生活息息相关,它不受观测条件的限

古人的滴漏便如同今天的钟表

制,无论是白天还是夜晚,不管是晴天还是阴雨天都可以进行计时测时工作。从漏壶的发展历史可以看出我国古代科学家和劳动人民勇于探索、不断追求的精神,正是由于有了这种精神,才使我国天文学在相当长的一段历史时期内雄踞于世界前列。

下面我们将古代的漏刻制度简单介绍一下:早期是将一天分为 100 刻,因冬夏昼夜长短不等,需使用不同刻度的漏箭,比如冬季昼长 40 刻、夜长 60 刻;夏季昼长 60 刻、夜长 40 刻;春秋分日昼夜等长,均为 50 刻。在古代计时制度中同时又将一天划分为十二个时辰,即子、丑、寅、卯、辰、巳、午、未、申、酉、戌、亥,每个时辰分为初、正两部分,如子初、子正等。

《红楼梦》中王熙凤到宁国府帮助理家时,曾多次引用卯时子刻起床洗漱,寅时卯刻点卯等,这些具体的时刻都是根据这样的关系换算来的。

一天分为 100 刻,同时又分为十二个时辰,一个时辰就相当于 8 刻,数字的尾数出现了分数,不能被整数除尽,因此应用起来不太方便,后世对此又多有改进。西汉末年曾将一天分为 120 刻,虽然与十二时辰相配合了,但又带来了其他麻烦,所以行用不久就废弃了。公元 6 世纪初曾改为 96 刻制,几十年后又改为 108 刻制,隋文帝时又恢复了百刻制,直到清朝初年方又改为 96 刻制。

机械计时器

星晷

我国最早的机械计时器是和天文仪器结合在一起的。例如唐代梁令瓒等人发明的开元水运浑天,北宋苏颂等人制造的水运仪象台等。这些仪器中的计时部分,已经采用了相当复杂的齿轮系统。特别是北宋苏颂等人创制的水运仪象台中报时装置里的擒纵器,是我国的一大发明。英国的李约瑟博士认为它"可能是欧洲中世纪天文钟的直接祖先"。第一个脱离天文仪器独立出来的机械计时器是元代郭守敬制造的大明殿灯漏。这是一个水力发动的机械报时钟,它能自动报时,还饰有能按时自动跳跃的动物模型。到了明初,约 1360 年,詹希元又创造了一种"五轮沙漏",可以说完全脱离了天文仪器,独立成为一

时光沙漏

种机械性的时钟机构。"五轮沙漏"以流沙为动力,流沙从漏斗形的沙池里流到初轮边上的沙斗里,带动全部机械齿轮。每个大齿轮的一头装一个小齿轮,以带动下一级的小齿轮。最后一个小齿轮则带动在一个水平面上旋转的中轮,中轮轴上装有指钎,在一测景盘(即现代钟表的钟面)上旋转,指出时刻。中轮上另有拨牙装置,以拨动两个击鼓鸣钲的木人,报告时刻。从这个沙漏

的结构看,它与后来的西洋时钟结构相类似。沙漏不受温度影响,消除了水漏的一大难点。但由于沙砾本身很难均匀,因而不如流水那样能均匀地流动,它的准确性比水漏要差些。

明末以后,西方传教士来到中国传教,把欧洲钟表传入中国。所以,在明代200多年的时间里,中国在计时仪器方面的发明没有什么进展。

 知识链接

《崇祯历书》和第谷体系

明末的改历从崇祯二年九月开始,至七年十一月结束,成书137卷,名为《崇祯历书》。这本书是中西天文学合流的第一部著作,以介绍欧洲天文学知识为主。按徐光启的计划,它包括五个部分:法原,即天文学理论,天体运动轨道之类;法数,即天文表,天文数据之类;法算,即天文计算中所使用的数学方法,主要是几何学和三角学;法器,即天文仪器;会通,即中西各种度量的换算表。《崇祯历书》的章节安排则按中国古历法的体系,日躔、月离、交食、行星、恒星等。

就内容来看,《崇祯历书》抛弃了中国古历的代数学体系,以西方天文学的框架进行日、月、行星运动的推算。首先建立起一个宇宙结构体系,这是丹麦天文观测家第谷所创立的介乎哥白尼日心说和托勒玫地心说的中间体系。按第谷体系,月亮绕地球运行,五大行星绕太阳运行,太阳又带着五行星绕地球运行,地球居于中心不动。我们所看到的行星视运动是它们双重运动叠加的结果。这一点就同中国古历法的推算步骤无共同之处了,中国古历法中考虑日、月、五星的运动时从不考虑它们的绕转关系,无须建立各行星的轨道体系。

在日、月、五星各有其绕转轨道的基础上,又建立起本轮和均轮系统。天体在均轮上运动,均轮心在本轮上运动,本轮心又在本天上运动,本天心对太阳、月亮来说是地球,对各行星来说是太阳。只要选择各天体的运动速度,就可以组合出日、月的不均匀运动和行星的顺、留、逆等变化,这一套方法在公元前已由古希腊天文学家设计出来,同中国古历传统的代数学方法又是毫无共同之处的。

此外,《崇祯历书》中引入了明确的地球概念,采用经纬度制,周天360°制,一日96刻制,数字的60进位制,赤经坐标从春分点开始分成十二次,每次30°,赤纬坐标从赤道向天极计量共90°;引进黄道和黄极概念,建立黄道坐标系;引入球面和平面三角学,以三角计算代替中国古历中的经验公式和"弧矢割圆术"等,这一切都同中国古典天文学的体系不同。

尽管这一套体系和方法与欧洲近代天文学的发展状况还有很大差距,第谷体系也是违背客观实际的,但是《崇祯历书》在很大程度上将中国古典的天文体系转到了近代天文学的轨道上,为今后接受新的天文学知识打下了基础。当然,那时的欧洲天文学家们研究的重点还在于太阳系的结构和运动,对于太阳系之外的恒星世界是个什么样子也所知甚少。因而,对中国古典天文学的改造也仅在太阳系的知识方面有积极进步的意义,而对恒星、对宇宙总体的看法方面还要等待近代天文学的进一步发展。

其他计时器

在我国漫长的历史中,除了前面介绍的日晷、漏壶等计时器外,在民间还流传着许多简单实用的计时器。其中使用较多的是"盂漏"和"更香"。盂漏是在一个钢盂的底鄙穿一小孔,放在水面上,水从孔中涌入盂里,盂里的水满到一定程度就会沉下去。然后把盂取出来,倒掉水重复使用。如果盂的大小重量合适的话,正好一个时辰沉浮一次,这样就可以知道时刻了。据说盂漏是唐代一位僧人发明的。

更香实际上就是在我们平常用的香上刻上刻度,用来计时。香燃烧时,如果空气流动稳定,香的制造均匀,那么每炷香燃烧的时间大约是相等的,所以点香也可以当作时间流逝的标志。为了使更香的实用价值更大,常把更香制造得

燃香图

很长,把它盘旋成各种形状,有的甚至长到可以连烧几天到十几天;还有的在某时某刻的地方挂上一个小金属球,香烧到这个地方,金属球就掉到接在下面的金属盘中,发出清脆的响声,这就具有闹钟的作用了。

　　这两种计时工具在民间使用很广。尤其是更香,一直到清代还很流行。虽然精度不高,但在古代,尤其是在民间的各种社会、生产活动中,它基本上可以满足要求。

中国古代天文学家

　　我国是世界上天文学起步最早、发展最快的国家之一，天文学也是我国古代最发达的四门自然科学之一，其他包括农学、医学和数学。天文学方面屡有革新的优良历法、令人惊羡的发明创造、卓有见识的宇宙观等，在世界天文学发展史上，无不占据重要的地位。在不同的历史朝代，也涌现出了一大批优秀的天文学家，他们为我国的古代天文事业做出了卓越贡献。

第一节
唐朝以前的中国古代天文学家

 司马迁

　　司马迁（公元前 145—前 87 年），是西汉史学家、文学家、思想家，同时也是一位伟大的天文学家。司马迁在天文学上有着重要的发明和贡献，对中国天文学的发展起了巨大促进作用。

　　鉴于天文学在当时社会中的特殊作用，司马迁在《史记》中对天文学给予了很大关注。他不但在许多篇纪、表、传中记载了有关天文学的资料，而且还写有《历书》和《天官书》这两篇专论天文学的文字，开创了中国正史系统地记述天文学史料的优良传统，从而使我国历代天文学的丰富史料得以流传至今。仅此一端，司马迁就是天文学发展史上的一大功臣。

 **一、历法和行星天文学上的贡献**

　　在历法和行星天文学方面，司马迁有三项贡献：

　　1. 他根据历代月食记录，总结出月食现象的发生存在着周期性规律，并提出了现存中国历史上第一个交食周期数据。由此开始，中国历法中逐渐发展起日食、月食的预报工作。

　　2. 他分析了历任史官留下的行星记录，发现在五大行星的运动中都有逆行，进而提出了各个行星在一个会合周期中，包括逆行的时间和行度在内的完整的行星动态表。而在司马迁之前，虽然人们早已观测到行星有逆行，但却认为除了火星和金星的逆行外，其他行星的逆行都是一种反常的变异。就是对金、火两星来说，它们在顺行和逆行变换之际的"留"，也认为是一种异常现象，因而前人把这些都归入到占星术的范畴里去了。司马迁的发现把五个行星的逆行都归入到正常的、可计算的范畴,从而使中国历法中有关行星的研究工作向前推进了一大步。

在行星工作方面还有两点也值得一提。一是司马迁指出行星在逆行时就变得更加光亮,指出金星有时可亮到照出地面的影子,甚至可在上中天见到它。这些结论都是符合实际的。二是现今所通称的水、金、火、木、土五个行星的名字,正是首见于他的《史记·天官书》。在此之前,这五颗星分别叫辰星、太白、荧惑、岁星、填星(或镇星)。司马迁是在古代的五行理论支配下,根据五个行星的颜色特征起的名字,即木青、土黄、火赤、金白、水黑。可以看出,除了水星配黑色纯系凑合外,其他四星的颜色与天文实际是相符的。

3. 他发起的太初元年(前104年)的历法改革,是一次中国天文学史上的重大事件。原来,西汉王朝一直沿用秦始皇时代修订的颛顼历。由于误差的长期积累,颛顼历预报的朔望、节气时刻都落后于实际天象发生的时刻。司马迁联合了大中大夫公孙卿、壶遂,向汉武帝上书改历。这次改历是一场规模巨大的天文活动。司马迁参加了为制定新历而进行安装仪器、测量等工作。虽然最后颁行的新历——太初历并不是他制定的,但是他对太初历的进步有下述几点贡献:

(1)司马迁等人根据颛顼历的误差情况,把朔望和节气各向前推移一段时间,确定了新的历元。这个历元后来被太初历采纳了。

(2)司马迁等人重新测定了冬至点的位置。而在颛顼历中用的乃是春秋末年测定的冬至点数值。由于岁差的缘故,到司马迁时,冬至点已移动了5°左右,若不改测,误差是很大的。

(3)司马迁等人还为新历测定了一些有关恒星和行星的基本数据。

(4)司马迁发现的月食周期和行星逆行规律,对太初历来说当然也具有指导意义。

太初历主张用夏正(把冬至放在十一月),司马迁主张用周正(把冬至放在正月);太初历主张以无中气之月为闰月,司马迁主张把闰月放在年末。除了这两点司马迁不如太初历作者之外,太初历的主要进步之中,大多与司马迁是密切相关的。而为了和乐律生硬地联系起来,太初历却篡改了朔望月和回归年这样一些基本的天文数据。这个故神其说的错误做法,虽然博得了汉武帝的欣赏,却受到司马迁的反对。他在《史记·书》中只字不提太初历的本身,却用《历术甲子篇》的形式记下了他对回归年和朔望月数值的见解。在这两项最基本的天文数据上,太初历的确不如司马迁的《历术甲子篇》。

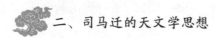

二、司马迁的天文学思想

司马迁写《史记》是为了"究天人之际"。这个"天"是指上天，"人"则是指人间世界。按照古代封建统治阶级的观念，认为天是有意志的，它主宰着人间的一切。帝王则受天之命来统治人间。天会通过天上的各种现象来警告地上的人们，人间将要发生何种吉凶大事。天象和人间的治乱兴亡之类的现象是相应的，所谓"天人之际"就是指的这个相应的关系。而这个关系也正是占星术讨论的范畴。

因此，司马迁是相信占星术的。他说："为国者必贵三五。"（《史记·天官书》）所谓三，指日、月、星三光。所谓五，指日晕、月晕、适（一种与太阳有关的自然现象）、云、风这五种天象。司马迁认为，这三五"与政事俯仰，最近天人之符"。可见，"必贵三五"也就是必须重视占星术的意思。他本人就从历代的天象记录中去查找相应人间发生的大事。《天官书》中就举了"秦皇始之时，十五年彗星四见"一直到汉太初年间"星茀招摇"等的天象。每次天象之后，又提出

史圣司马迁祠

160

相应的军国大事。于是,他概括道:"此其荦荦大者。若至委曲小变,不可胜道。由是观之,未有不先形见而应随之者也。"正因为如此,我们翻开他的《天官书》,看到的是通篇的占星术词句。

然而,作为一个天文学家,司马迁却并不受占星术的束缚。因为在研究各种具体问题的时候,他的注意力始终是在客观的事实上。研究事实,从事实中引出事物发展的固有规律,这就使他做出了或大或小的科学发现。与此同时,他对占星术也就做出了局部的否定。

例如,关于五星逆行规律的发现和月食周期的发现,就是两个典型的例子。虽然过去星占家对五星逆行和月食现象都有大量的星占条文,但司马迁从汉王朝皇家天文台所保存的100多年来的行星运动观测记录中发现,五大行星的留、逆都不是罕见的现象。由此他不顾以往的占星术条文,而是对天文实测记录进行认真的比较研究,终于总结出包括留、逆在内的五星运动的全面的较正

史记是司马迁的不朽之作

确的规律。对月食规律的总结也是这样。

由于对天象和人事的客观研究,使司马迁得以发现占星术教条常常和客观实际有明显的矛盾。例如,他对以往许多著名的星占家提出了批评。他说:"幽、厉以往尚矣,所见天变,皆国殊窟穴,家占物怪,以合时应,其文图籍机祥不法","近世十二诸侯、七国相王,言从衡继踵,而皋、唐、甘、石,因时务,论其书传,故其占验,凌杂米盐。"(《史记·天官书》)所谓"机祥不法","占验凌杂米盐",都是一派贬词。而皋、唐、甘、石都还是司马迁赞誉为"传天数者",即能知道天人之间神秘对应关系的人。可见,司马迁并不把过去的占星术条文都看做是神圣不可改变的。

作为一个研究人类活动的历史学家,司马迁相信人的力量。他认为,人间的吉凶祸福主要还是由人们自己的行为而决定的。天上的现象只是上天对人间的政治状况所做出的一个预警性的反映。这种预警发出之后也并不是不可改易的。比如说,他认为决定一个国君命运的是他力量的强弱和德行的厚寡。他说:"国君强大有德者昌,弱小饰诈者亡。"(《天官书》)因此,他认为一个国君应付天变的办法:"太上修德,其次修政,其次修救,其次修禳,正下无之。"(同上书)所谓修救,就是在天变发生之后根据上天所警告之点采取救急措施,以求消除灾祸根源。所谓修禳,则是在天变发生之后举行各种祈祷,从事宗教活动以求禳解灾祸,使上天回心转意,收回它的警告。司马迁并没有彻底否定天意的作用。但是,他把修禳放在四种应付天变办法中的最末一种,而把事先调整国君自己的行为,即修德和修政放在第一、二位,把遇事而临时调整自己的行为,即修救放在第三位,但仍在修禳之前。这表明,司马迁认为,对于国君的命运来说,他自己的行为比天意的作用要大得多。这样的思想实际上已经接近了对天意的否定。

司马迁还有过对其他理论方面的议论。《天官书》曾偶然出现两句关于恒星及银河本质的议论。他说:"星者,金之散气,本曰火","汉者亦金之散气,本曰水"。这两条议论很有趣味。第一,他把银河看成是和恒星一样的东西:金之散气。现在我们知道,明亮的银河是由千亿颗恒星构成的巨大的天体系统。司马迁的议论,从一定意义上来说与实际有所巧合。第二,人目所见的恒星都是自己发光的炽热气体球,从某种意义上来说,可以比喻为一团火。司马迁说本曰火,也有所巧合。当然,我们要强调,这只是巧合。司马迁是在古代的五行理论指导下提出这些说法的,并不是基于科学观测和理论上的科学预言。例如,他把银河之本说成是水,这是从银河的名称上联想出来的,它在实际上毫无巧合可言,但司马迁的两个巧合的说法终究还是有趣的猜测。

总体来说,司马迁的天文学思想是异常光辉的,我们也完全有理由称他为一位伟大的天文学家。

 知识链接

石氏星表

我们知道,星表是把测得的大量恒星的坐标加以汇编而成的,它是天文学家们的重要工具。我国古代最早的星表编制人,是战国时代的魏人石申。他的活动年代大约是在公元前4世纪。石申编过一部叫《天文》的书,这部书共八卷,由于它有很高的价值,所以被后人誉为《石氏星经》,可惜到宋代以后便失传了。令人庆幸的是,今天我们还能从唐代的天文学著作《开元占经》中看到《石氏星经》的一些片断,并从中可以整理出一份石氏星表。其中有二十八宿距譬(每一宿的定标星)和其他一些恒星(共一百余颗)的赤道坐标位置。

由于岁差使得恒星的赤道坐标作缓慢的变动,因此,我们根据岁差规律,对于同一颗恒星可以比较它的坐标变化,由此来推算出古赤道坐标的测定年代。计算表明,石氏星表中至少有一部分可以肯定是公元前4世纪测定的。这就是说,我国古代早在公元前4世纪就编制了恒星星表。古希腊天文学家依巴谷在公元前2世纪编制过星表,在他之前还有两位希腊天文学家也编制过星表,但也不早于公元前3世纪。可见,石氏星表是世界最古老的星表之一。

石氏星表是后世许多天体测量工作的基础,也是从战国到秦汉时期我国天文历法发展的一个重要基础。因此,研究石氏星表对于了解古代天文学的发展是极为重要的。

 **刘歆**

刘歆(公元50—23年),西汉沛县,今江苏人,字子骏。又改名刘秀。出身于汉宗室贵族,年少时受到过良好教育。尤其父刘向亦为西汉著名学者,历史上对他们的研究颇多,尤其是清代以来对刘歆和《三统历》的研究更为集中。刘歆一生从事政治活动和学术活动的时间大体相当,其中学术活动又分两个时期,公元前26年至公元前六七年为第一时期,主要是研读各种书籍,如经传、诸子、诗赋、术数等,最后同其父共同完成了我国图书目录学的第一部著作《七略》;第二个时期是从王莽执政后的元始元年(公元1年)至始建国二年(公元10年),主要从事天文学工作,编制《三统历谱》。公元23年因参与谋杀王莽未遂而自杀。

《三统历谱》不是一个为了行用而编制的历法,它是刘歆为了解释《春秋》一书中的天象和研究历史年代学问题依照当时行用的《太初历》而编制的。古今研究者一致认为,《三统历谱》即是汉武帝时邓平、落下闳等人创立的《太初历》。由于《汉书·律历志》采用了刘歆《三统历谱》的许多内容,使《太初历》的大体面貌得以保存,成为保留下来的第一部完整的历法。但是1983年薄树人教授撰文指出了《三统历》同《太初历》的不同至少有下述几点:《太初历》用甘氏二十八宿体系,而《三统历》用石氏体系;《三统历》创立岁星超辰法,即认为木星恒星周期为11.917年;《太初历》用太初元年为近距历元,《三统历》则有太极上元,距太初元年14.3127年。

这些不同表明刘歆对天文学是有贡献的,尤其是他提出的木星周期,回归年和朔望月长度的值都比《太初历》有所进步。他提出的太极上元既有繁复神秘的一面,也有促进数学方法发展的一面。然而,他是一个保守的思想家,他利用和发展

刘歆雕像

了《易·系辞》里的数字神秘主义的思想来解释天文常数,对天文学的发展带来了不利影响。

在过去的研究中常出现刘歆为了王莽篡汉之需而编《三统历》和刘歆篡改《春秋》中的日食记录之类的看法,现在看来这两点证据不足。历史记载中没有看到王莽令刘歆编历的内容,而且王莽篡汉成功以后改正朔、易服色,所行之历与刘歆无关。至于刘歆篡改《春秋》中的日食记录一事,按《三统历》的精度和所用交会周期来分析,他是不可能做到的。如今用现代电子计算机反推《春秋》中的日食记录,37 次中有 31 次确实可靠,有 4 次记录日无日食发生,有一次是曲阜不可见,一次是月日干支有误。我们应该认为,这绝不是刘歆按《三统历》能推算出来的,只能是当时的观测记录。

知识链接

纪限仪

这是我国古代第一架在天文台上使用的纪限仪。整个仪器重 802 公斤,它用于测量两天体之间的角度,所以又可叫作距度仪。我国清代以前没有制造过这种专门的仪器。康熙十二年(1673 年)制造了这架仪器,可见纪限仪的使用无疑丰富了我国古代天体测量的内容。纪限仪的主要功能是测量 60°以内任意两颗天体的角距离。纪限仪的主要部件是一段 60°的弧面,弧面半径六尺,弧面宽二寸五分,其上装饰有很精细的花纹。从中央向左右两边各刻 30°,每度分为 60′,在弧中间循半径方向安一铜竿,这样整个弧面就能固定在这根铜竿上了。铜竿上端有横轴,挂有窥衡。在铜竿中部有一个与其垂直的横轴,在使用的时候需要用一小滑车来带动它,这样整个弧面就可以绕横轴转动,而横轴又是半圆弧形齿圈的弦。齿圈面与地平面垂直。此时,固定在底座上的一个小型齿轮与半圆形齿轮相互咬合。

除此之外，还有一个手轮与小齿轮相连，用手摇手轮则可推动半弧形齿轮圈，横轴便可做180°转动。支撑小圆齿轮的圆柱插在下面的游龙底座中，高四尺，下直径三尺，沿水平做360°转动。在这种情况下，整个纪限仪的弧面就可以钉在一球面上运转自如，能够指向球面上任何一点。在弧面的圆心，同样有一垂直于弧面的圆柱，它的直径与游表两夹缝的间距相同。它以圆柱为轴，进而引出一弧尺，长六尺，末端安游表并设有立耳，主要是用于测量星体。弧背左右各设游表一个，这样可以测量另一星体。

　　在观测的时候，拉动滑车，转动手轮将弧面与两颗待测星运动到同一平面。这需要两个人来完成，一人用窥表对准一颗星，另一人用一游表对准另一颗星，两人都使各自的夹缝，横柱表与天体成为一条直线。游表与窥表之间的读数差就是两颗星之间的角距离。

　　若两颗星相距太近，不便两个人同时测量，可借用10度的附属仪器来测量。在横柱表稍靠下，主干的两边有两个立柱，也与纪限仪的弧面相垂直，形同横柱表，称为副表，它们各和主干的角距离相当于弧背的10度角。观测时，先将窥表对准中心柱表，使窥表的两个夹缝与中心柱表的两边缘相切，将左边的一颗星测准，再用左边的游表经左边的副表，将右边的星测准。将两表定位，由于使用了10度的副表，所以要把两表之间的角距离减去所借的10度，就是两星之间的实际角距离了。

　　从外观来看，这架仪器的结构比较简单，但实际制作起来却相当困难。

　　比如，必须要使整个仪器的重心正好在立轴上，才能使仪器维持自身的平衡，保证观测的准确性和稳定性。把仪器和观测者给数据带来的误差减少到最低限度。而要达到这个要求，必须经过周密的计算，还要按照计算结果精心地浇铸和加工。同时，仪器的游龙、花饰和云朵等，也不仅仅是单纯的装饰，它还能起到支承、连接和平衡仪器的作用。这架仪器的刻画也比其他仪器精细，读数可精确到六角秒。可见，这架仪器从设计到制做乃至装饰刻画，无不凝聚着有关人员的辛勤劳动。

 **张衡**

张衡（公元78—139年），东汉科学家，南阳西鄂（今河南省南阳县石桥镇）人，字平子。靠自学成为闻名乡里的学者，后被推荐到京师洛阳任职。曾任郎中，尚书郎。元初二年（115年）起两度任太史令，前后共14年，在天文学上取得了卓越成就。

他是汉代天文界的代表人物，著有《灵宪》和《浑天仪图注》两书，全面阐述了他的天文学思想和浑天学说，可算是我国汉代天文学的总结。提出"宇之表天极宙之端无穷"的观点。这两本著作中的天文学内容可概括为下列12项：

1. 天地未分之前是一片混沌的气，轻者上升为天，重者凝结为地；

2. 天成于外，地定于内，天地乘气而立，载水而浮；

3. 天体于阳，故圆以动，地体于阴，故平以静；

4. 天地之外为宇宙，宇之表无极，宙之端无穷；

5. 天周为73.6万里，日月直径各1000里，地广（地直径）为23.23万里，天高、地深为地广之半11.615万里。

6. 月光生于日之所照，魄生于日之所蔽（照不到），月相由于日光的"照"和"蔽"所引起；

7. 月食是因为地影（暗虚）遮蔽月光；

8. 天运左行，七曜周旋右回；

9. 行星运动的快慢是由于近天则迟，远天则速；

10. 众星分五列共35名，即中央北斗7名和四方28宿；

11. 星体衰竭则有陨星，流星至地则石；

12. 天球旋转，南北极分别出没地上和地下36°，由此形成了天象和四季、昼夜的变化。

此外，张衡制造了水运浑象，开创出后世天文钟制造的先河；又发明候风地动仪，是世界上第一架地震仪。然此乃候风仪和地动仪两仪的合称还是单一地震仪，目前尚无定论。至于《浑天仪图注》非张衡所作之说目前已有文章表示反对，认为是张衡所著无疑。

张衡像

象限仪

象限仪又叫地平纬仪，位于观象台的西北角，在一对十字底座的两个交叉点上，各竖一柱，其柱高九尺四寸，刻于上面的苍龙蜿蜒而上。柱两边又各有一龙扶持，这既是一种装饰，又起到了加固作用。从两柱顶端又向中心平伸出一条长七尺八寸的云形横梁。在两柱的下部也向中间平伸出方形横柱，中心设轴承座，从云柱中央到底部轴座的铅垂线方向，贯有一根可旋转360°的立轴，其长九尺六寸、宽二寸一分、厚一寸七分，整个象限环全部固定在立轴上。

象限环中间是一条腾云驾雾的巨龙，既增加了仪器的生气，又起到了平衡的妙用。象限环的立边上指天顶，下指地心，横边与地平线平行。在两边的交点处，立一根垂直于仪面长三寸一分的短圆柱，这就是它的横表。从横表到弧边有一个长六尺的游表贴在仪面上，滑动的一端安有立耳，其构造和功用与赤道仪上的游表相似，使用方法亦同。

观测时，如从象限弧下端向上起算，弧尺的内面刻度为星的天顶距。如从上向下起算，弧尺的外面刻度为星的地平高度。天体的地平高度和天体的天顶距之间的关系可表示为：

某天体的天顶距＝90°—该天体的地平高度

象限仪的测量精度可读到分，它和地平经仪组成测量地平坐标系的姐妹仪。

这架仪器与简仪的立运仪相比，只相当于它的立运环，但立运环为全圆环，而它只用90°圆弧，对于实际测量这已足够用了。所以我们可以说，地平纬仪是对立运仪的简化或革新。

祖冲之

祖冲之(公元 429—500 年),今河北省涞水人,南朝宋齐时科学家。由于北方战争频繁,先世举家迁居江南。祖冲之青年时代进入华林学省,从事科学研究,曾担任过南徐州(今江苏镇江市)刺史,娄县(今昆山县)令,长水校尉等职。

他的贡献最重要的是数学上圆周率的值,他得到圆周率介于 3.1415926 和 3.1415927 之间,在世界上首屈一指。

祖冲之在天文学上的贡献是编制《大明历》,首次引进岁差算历,使天周同回归年长度分开;另一点是改革闰周,打破 19 年 7 闰的旧率法。他还研究了每日影长的变化规律,利用冬至日前后影长对称的关系提出了确定冬至日时刻的新方法,该方法不受阴云蔽日

祖冲之像

不能测量日影的影响,而且能求出冬至时刻,为后世所长久沿用。

祖冲之博学多才,在音律、机械、文学等方面也有颇有成就,曾改造指南车,作水碓磨、欹器、千里船等,可惜多已失传。数学著作有《缀术》《九章术义注》。《缀术》被唐代立为国子监的数学教科书,且修业时间最长,今亦失传。另著有《易老庄义》等。

知识链接

地平经仪

地平经仪位于黄道经纬仪的东侧,重1811公斤。它的底盘是副十字交梁,交梁各端下有铜枕,可用水平螺栓调平。南北西三面为屈身直立的苍龙,东面是铸造细腻的铜柱作为四个柱脚,立于十字交梁上,托着一个直径六尺二寸、宽二寸四分的铜圈,这就是此仪的主体——地平圈。

在地平圈上,其平面按四个象限刻画度数,以正南正北为零点,各向东西刻画90°。外侧面从正西起算沿逆时针方向顺序刻周天360°,东西两面又从地平圈向上各竖一柱,两条升龙盘蜒而上,在四尺四寸处又相向伸延,在中心附近二龙各伸出一爪,合捧一火球,球心即为天顶。天顶和地平圈中心的连线为铅垂线方向,沿垂线方向安有一个正方形空心立表,上指天顶,下指地心,立表上可挂铅锤,以正地心。立表下端有一个与它垂直的横表平躺在地平圈上,横表两端各有一直线与天顶相连。立表插在从底座中心连接到地平圈中心的一个固定立柱上,它可作360°旋转。

在进行具体观测的时候,旋转横表,当待测天体与横表两端的直线和中心垂线所构成的平面平行时,就可以从横表指线所指刻度读出它的地平经度,但是其并不能测出地平以下天体的地平经度。

测量某天体时,既可以正南也可以正北为起始零点,根据需要而定。白天观测太阳的出地平方位角时,可用涂黑的玻璃片。夜间观测星星看不清连线时,可用两个半面涂黑的灯笼,照亮两根细丝和横表,使观测者既能看清细丝,又不至于晃眼。这种读数方法与元代郭守敬在简仪的立运仪上所使用的方法完全一样。

第二节
唐朝及以后的天文学家

 一行

一行(公元673—727年),本名张遂,唐僧人。魏州昌乐(今河南省南乐县)人,也有说是巨鹿(今居河北)人。其祖在唐开国时有功,至一行时家境已衰,常得邻居王姆周济。年少时喜读书,聪敏异常,尤精天文历象,名声渐大,为避免武则天之侄武三思拉拢,削发为僧,隐居嵩山、天台山,拜禅宗北派六世祖神秀的徒弟普寂为师,研究翻译佛经。朝廷数次征召未应,至开元五年(717年)唐玄宗派其族叔接到长安宫中,开元八年受密宗灌顶,开元九年(721年)奉诏改造新历,著有《大衍历》《七政长历》等。开始了他为天文历法做出重大贡献的时期。

他在天文学方面的贡献主要在天文仪器、大地测量、大衍历法三个方面。前人对他的研究颇多,但遗留问题也不少。就目前的研究来总结他的成就,可有下列几项:

1. 与梁令瓒一起首创黄道游仪和水运浑仪,第一次体现了古人理解的岁差现象。这是继李淳风白道环游动的启示以后做出的发展。

2. 与南宫说一起主持天文大地测量,得出北极高度差1°地面南北差132公里多,相当于测出了子午线1°之长,从实践上否定了"寸差千里"之说。

3. 发现影长与太阳天顶距间有固定关系,并创立不同太阳天顶距时八尺之竿的影长计算方法。

 **沈括**

沈括(公元 1031—1095 年),北宋钱塘(今浙江杭州市)人,字存中。23 岁即任沭阳县主簿,主持兴修水利。1063 年中进士,因他熟悉天文学,任职于司天监,发现了监中的不少弊端,主张坚持观测。后任集贤院校理,读到许多国家藏书,扩大了他的研究范围。王安石变法,他积极参与。1075 年出使辽国,使他有机会进行地理考察。1080 年,主持与西夏抗争的军事。1088 年后居润州梦溪园(今江苏镇江市),专心著述,记述他在学术领域内广泛的知识和见解,共 600 余条,这就是北宋时期重要的科学著作《梦溪笔谈》。书中有 1/3 的内容属于自然科学,涉及数学、天文、气象、地质、地理、地图、物理、化学、冶金、水利、建筑、生物、农、医等,不但内容丰富,而且论述精辟,如隙积术、太阳历、虹的成因、透光镜、立体地貌模型、化石、盐类晶体、各种药方、毕昇活字印刷术等。另有医药著作《良方》传世。不仅在中国科技史上,而且在世界科技史上都有着重要价值和重要地位。

他在天文历法方面的贡献可归纳为 7 项:

1. 首次提出纯阳历方案,即十二气历,便于指导农业生产;

2. 开创简化浑仪的方向;

3. 从理论上指出真太阳日长度变化;

4. 正确解释不是每次朔望都发生交食的原因。形象地解释月相变化的原因;

5. 指出月亮出没是潮汐形成的主要因素,发现潮汐的滞后现象;

6. 发现北宋常州陨石的成分是铁;

7. 指出极星与天极不动处尚有距离,且在变化,提出通过观测求极星距极远近的方法。

 **朱熹**

朱熹(1130—1200 年),南宋哲学家。字元晦,一字仲晦,号晦庵、云谷老人、沧州病叟、逐翁等,徽州婺源(今江西婺源)人。父松字乔年,进士,历任校书郎、著作郎、司勋吏部郎等职,是一位力主抗金的有正义感的知识分子。

1. 对宇宙起源学说的发展

宇宙的本原是什么？它是如何发生和发展的？这种"关于现存世界是通过什么方式和方法产生的理论"，在人类认识史上一直占有重要地位。

我国古代早在战国时，屈原、庄子等就已提出有关天地起源问题，汉代成书的《淮南子》中就讨论了这个问题。宋代的周敦颐（1017—1073 年）、邵雍、张载（1020—1077 年）及程颢（1032—1085 年）和程颐（1033—1107 年）等都提出了关于宇宙起源的观点和学说。

朱熹曾师事李侗，而李又是程颐的第三代弟子，他致力于研究程颐学说，加上自己的见解，提出自己的宇宙起源观点。

他主张宇宙中存在着"理"与"气"这两个具有不同含义的概念。他认为理是抽象无形的，是万物的根本；气是有形的，是万物的具体表现。两者之中，理是根本，先有理后才有气，但对于一个已构成了的具体事物来说，理气又是同时存在，不可分割的。《朱子语类》卷一说："天地之间，有理有气。理也者，形而上之道也，生物之本也。气也者，形而下之器也，生物之具也。"《朱子全书》卷四十九说："有是理后，生是气。"《朱子文集》卷四十六《答刘叔文书》说："所谓理与气，决是二物。但在物上看，则二物浑沦，不可分开各在一处，然仍不害二物之各有一物也。"这是朱熹自然哲学、宇宙起源学说的基础。

但朱熹实际上是"理一元论"者，他在《朱子全书》卷四十九中说："理气本无先后之可言。然必欲推其所以来，则须说先有是理。然理又非别为一物，即存乎是气之中。无是气，则是理亦无挂搭处。"十分清楚地表达了他的观点。那么，他对于理又是如何理解与解释的呢？他认为理是事物最完全的形式和最高的准则，所以称为"极"，这是对一件（个）事物而言的；而天地万物之理的总和即天地万物之最高准则称为"太极"。由于理是抽象的，太极当然也是抽象的，故又称"无极"。他在《朱子语类》卷九

朱熹雕像

十四中说："事事物物,皆有个极,是道理极至……此是一事一物之极。总天体万物之理,便是太极。"在《朱子全书》卷四十九中说得更明白:"周子恐人于太极之外,更寻太极,故以无极言之,既谓之无极,则不可有的道理。"

他还认为理并非一定与气不可分离,并非一定是相即不可分离的,"然亦但有其理,而未尝实有此物也"。说到关键处,理是第一性的,这正是唯心论的基本观点。

他把理气演化成万物的过程看做是气只有一种,依其动静状态相互转化而成为阴、阳二性。阴气流动可变为阳气,阳气凝聚亦可变为阴气。"阴阳只是一气,阴气流行即为阳,阳气凝聚即为阴,非直有二物相对也"。水、火、木、金、土这五行,每一种都由不同比例的阴阳二气所构成,清气上升为天上的日月星辰;浊重之气下降为地。他在《朱子全书》卷四十九中说:"天地初开,只是阴阳之气。这一个气运行,磨来磨去,磨得急,便拶去许多渣滓,里面无出处,便结成个地在中央。气之清者,便为天为日月为星辰,只在外常周环运转。地便在中央不动,不是在下。"在《朱子语类》卷四十九中也说:"阳变阴合,而生水、火、木、金、土,阴、阳、阳气也,生此五行之质。天地生物,五行独先……天地之间,何事而非五行。"清、轻之气与浊重之气中均包含五行,天地万物均由五行组成。他把在天的清气称为五行之气,在地的重浊之气称为五行之质。这种构成万物的气十分微妙,它是无往而不在,是难于被人们感觉到的,只有凝聚成物时才能被感到。《太极图说解》说的"五行者,质具于地,而气行于天者",《朱子语类》卷六十二说"只是这一个气,入毫厘丝忽里去",就是此意。

朱熹主张浑天说,认为天略如鸡蛋,天在外、地在中,天包着地。"地却是有空缺处,天却四方上下都周匝,无空缺逼塞满皆是天。地之四向底下却靠着那天,天包地,其气无不通","天只是气,非独是高,只今人在地上便不见如此高,要之连地下亦是天",这是他的天及天地关系模型。地所以掉不下去,是因有一层气紧紧地把它裹住并扛起它,"为其气极出,故能扛得住地,不然则坠矣"。天的颜色是"夜半黑淬地,天之正色"。这些描述是有进步意义的,带有无限宇宙论的观点。

2. 对天地关系与地体形状的认识

早在战国时慎到(约前395—约前315年)即提出"天体如弹丸,其势斜倚",为浑天说之发轫。此后由于浑天说能以浑象直观表示天象,可用浑仪实测以及没有引入不合科学实际的数据,而得到了较快发展,到朱熹时代已相当成熟。朱熹认为"天运不息,昼夜辊转,故地榷在中间","地之四面底下,却靠着那天,天包地,其气无不通,要之连地下亦是天","天转也非自东而西,也非旋环磨转,却是侧转"。这些都是浑天说的观点。但是他并不停留在浑天说的已有看法——日、月、星辰皆附着于天球内壁——而认为"星不是贴天,天是阴阳二气在上面,下人看见星随天去耳"。这种看法已具有无限宇宙论的观点。

朱熹这里还继承了张载"地在气中"的正确思想。张载是气一元论者,提出"太虚即气"的观点。认为气是宇宙的根本,气之聚散,形成各种事物。总合未分之气为"太和",气未聚而无形的状态为"太虚",为气之原始气之本然。他在《正蒙·太和篇》中解释道:"太虚无形,气之本体;其聚其散,变化之客形尔","太虚不能无气,气不能不聚而为万物,万物不能不散而为太虚。"这里张载已具有万物和太虚之间的对立统一的朴素辩证法的思想。从哲学观点来说,朱熹是唯心主义的理一元论者,不及张载。但在解释天地在宇宙间与气的关系时,认为地是由紧出的气扛住、裹住的,这是一种可取的观点。

朱熹赞同浑天说的论点,在《朱子全书》卷五十中说:"浑仪可取,盖天不可用。试令主盖天者,做一样子……只似个雨伞,不知如何与地相附著。若浑天,须做得个浑天来。""有能说盖天者,欲令做一盖天仪……或云似伞样。如此,则四旁须有漏风处。故不若浑天之可为仪也。"这些论点说明朱熹并非仅是一个脱离实际的自然哲学家,他主张浑天说是因为它可以与实测的浑天仪联系起来。我们从朱熹有关天文的论说中可以看到,他对于实测天象还是比较注意的,这就是他主张浑天说的一个重要原因。中国古代,对于宇宙学这类自然哲学问题的研究,大多数是由朱熹等儒家学者进行的,这是由于中国古代封建社会重儒轻工(技术)等因素造成的,历代轻视技术、科学工作,归之于方技一类,如《新唐书·方技列传》中写道:"凡推步卜相医疗皆技也……小人能之……故前圣不以为教,盖齐之也。"主编《畴人传》的清代著名学者(也是大官僚)阮元也有同样看法。作为理学家的朱熹重视天象观测是难能可贵的。

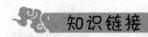

中国古代 **天文历法**

ZHONG GUO GU DAI TIAN WEN LI FA

知识链接

星 名

当你翻看一张古星图或打开前面提到的《步天歌》，你马上会为各种古星名而眼花缭乱。如果你还知道一些现代星座的名字，你也马上会感到这两者有多么明显的不同！是的，中国古星名同现代流行的星座是完全不同的两个体系。

现在流行的星座和星名基本上是古希腊的体系。将全天分成若干区域，每一区域就是一个星座，将该区域内的亮星按某种想象用线连接起来，构成各种图形，赋予各种名称。目前通用的星座共88个。名称多系各种动物和神话故事中的人物、用品。

中国古星名是一个庞杂的体系。这可能说明了这些星名的产生不是一时一地一人的作为，它综合了不同时代、不同地域和不同人物的贡献而成为了这个样子。

除了在书上看到的大量古星名，在我国各地民间还流传着一些别名，这些别名往往同一些美丽的故事联系在一起。例如牛郎织女的故事，就同银河两旁的河鼓（牛郎）和织女星相关。河鼓三星和心宿三星还有另外的名称，分别称为石头星和灯草屋。有一则故事说石头和灯草分别是前娘和后娘生的儿子，后娘让前娘生的儿子挑石头，让自己生的儿子挑灯草。这一天遇上了大雨和顶头风，石头既不吸水，受风的阻力也小，所以他顺利地渡过河到达河东。而灯草吸足了水，分量又重、体积又大，大风顶着走不上前，仍远远落在河西。此外，尾宿的最后二星正在银河边，夏夜在南方天空闪亮，人们称她们为姑嫂车水星，好像她们正利用夏夜的凉爽时刻辛勤地车水灌地！

冬夜星空中的昴星，民间称为"七姐妹"星，鄂伦春人称为"那里那达"，意为七仙女。附近的毕宿称为猪星，东边的参宿称"玛恩"，是个妖精，毕参之间的小星是玛恩的弓箭。这个妖精老想追上七仙女并要同她们结婚，而那头

176

猪就回头拱它，因而玛思用弓箭去射猪头，但因为没对正，所以总射不着，它的目的也达不到，只好永远这样待在天上。在海南黎族人民中昴星称为"多兄弟星"，即六个兄弟在一起，说另外还有一个小兄弟星，本来生活在一起，但六个哥哥都结婚后就谁也不养活小兄弟了。小兄弟看见月亮又大又亮，心想那里一定有吃的，就跑到那里去了，在那里开荒种地盖房子，还同一个仙女结了婚。六个哥嫂看见小兄弟富裕起来了，就叫他们回去，但小兄弟不喜欢这些无情无义的兄嫂，无论如何也不回去，所以昴星里只看见六个星。在中原地区，昴星在大地回暖季节的早晨高悬南天，催促人们及早春耕，故也被称为犁星和犁头星。

郭守敬

　　郭守敬（公元 1231—1316 年），元代天文学家、水利学家，字若思，河北邢台人，生活在金末元初。从小在祖父教育下学习数学和水利，后来随当时有名的学者刘秉忠学习天文学和地理，喜欢思考和钻研，逐渐成为有学识的人。1262年开始，他受到推荐，并在多伦受到忽必烈的召见，从事水利工作，对治理华北、宁夏和甘肃一带河渠做出了贡献，后任都水监。从 1276 年开始，这是他在天文、历法、仪器诸方面做出重大贡献的时期，创制仪器十多件，与王恂、许衡等编撰了《授时历》，后任太史令。从 1291 年开始，又回到水利工作上，任都水监，在发展北京地区的水运，修通惠河，解决北京水源问题上都有独特的成就。

　　他在天文历法方面的贡献代表了我国古典天文学发展的最高成就。郭守敬之后，古典天文学再没有更多的发展，甚至在明代还出现了停滞局面，因而他在我国天文学史上的地位是最高的，受到了国内外学术界的普遍尊敬。至于他的具体成就，这里只做一个综述：

　　1. 创制简仪，完成浑仪从繁到简的改革过程。又将赤道与地平坐标分开，提高观测效率。

郭守敬雕像

2. 创制仰仪,开创仰式日晷的新类型,流传国内外,这是在天文仪器中利用小孔成像原理的创举,在他发明的景符中亦有该原理的巧妙应用。

3. 创制高表,及景符、窥几等附属设备,包含着提高读数精度,减低相对误差,发展多种用途的设计思想。

4. 以实测确定黄赤交角小于 24°,打破了从汉代以来一直沿用 24° 的传统看法(其中虽有一行的轨漏中星表中用 23.9°,但有时又用 24°,并未指出来历)。

5. 推算回归年长度 365.2425 日,跟现今通用的格里历相同。

6. 历法推算中废除上元积年和日法,以至元十七年(1280 年)冬至时刻为起算点,所用数据的尾数以百进位,废除分数表达式。

7. 创等间距三次内插法的计算方法,用以计算日月五星运动和位置,在黄赤道差和黄赤道内外度的计算中创用类似三角术的弧矢割圆术。

8. 主持历史上规模最大的一次天文大地测量。

9. 重测全天恒星位置,编出星数最多的星表。

 知识链接

东南亚一带的汉历

南亚和东南亚地区位于中国和印度与阿拉伯的中间地带,历史上这一地区很早就同中国从海上和陆路产生了许多交往,又加上华侨的大量移居和中国少数民族同该地区民族间的关联,中国文化早就传播了到了这一地区。中国的天算和其他知识在这一地区的生活中起着重要的作用。

越南在历史上很长时间内奉汉历为正朔,使用中国历法,因此越南的天文学史也同日本、朝鲜一样,受到中国古典天文学的深刻影响。越南历法也即中国古历,至今越南人民的许多民间节日,如春节、清明、端午、中秋等都同中国一致。

中南半岛西端的缅甸,历来是中印陆路交通的要道,我国的西南少数民族和华侨向南移居,缅甸也是重要的通路和聚集地,从我国云南西南边境小镇畹町沿江而下可达曼德勒和仰光。在历史上曼德勒是缅甸的首都,据说在曼德勒的皇城是按北京故宫的形式修建的,该城正方形每边 2 公里,城墙由砖垒成,高 8 米,厚 3 米,四周有护城河,宽 60 米。皇城内的王宫金碧辉煌,1885 年被英军占领,珍宝被劫掠一空。后来又被日军占领养马,英军狂轰滥炸,使其破坏殆尽,如今只剩遗址了。在缅甸到处可见中国风格的建筑,还有华侨捐资修建的观音寺,寺内碑上刻有 630 位华侨的名字和他们的店号。

缅甸同中国的往来从东汉时就有记载,我国古书上称缅甸为掸国或膘国。汉和帝永元九年(97 年)曾赐金印紫绶(《后汉书·西南夷传》)。唐贞元十七年(802 年),缅甸奉唐朝正朔,改为建寅之月为缅甸历一月,其历元起638 年 3 月 21 日春分,即唐贞观十二年戊戌闰二月初一。缅甸历为阴阳合历,年长 365 天,月长 29 或 30 天,分大小月,前半月称白分,后半月称黑分。由于十二月与 365 天相差 11 天,故 19 年安排 7 个闰月,固定于六月之后,称为闰六月,但每隔三五年又要在五月末安排一个闰日,以补太年与 365 天间之余数。这种又闰月又闰日的做法在现今我国境内德宏傣族行用的《傣历》中也采用,它同缅甸历是一致的。此外,缅甸历中在新年前 3 天为泼水节,大约相当于清明节后 10 天,也同《傣历》相同。

缅甸向东有泰国,泰国从元代起才从柬埔寨属下独立出来,建立素可泰王朝。1282 年,素可泰国王兰甘亨创立泰文字母,才开始有文字记载的文明史。素可泰王朝元代译为速古台,留下的史料主要有几十块碑碣,现认读整理出 20 块,其中 7 块都有使用干支纪年纪日的文字。从这些碑碣中关系到历法的部分来看,纪年既有六十干支,又有十二生肖;日名既有黑分、白分的日序,又有干支名称;此外,还有七日一轮的曜日。从语言学角度考证,其干支发音大部借古汉字之音以泰文拼写,显然是受到中国的影响;从民族学的角度来研究，素可泰人以及老挝的寮人，越北的里泰人，缅甸和阿萨姆掸人的先民可能是从中国南方迁徙去的，他们同我国境内的少数民族傣、壮、侗族都有密切的关系，因而他们的历法中受到中国历之影响是有根源的。后来，由于历史的复杂因素和印度佛教的广泛传播，印度历的影响深入进来，他们的历法成为混有中印历法特色的历法。

泰国向东有柬埔寨，我国史书上称扶南、真腊、高棉等，这是一个历史悠久的古国，同我国的交往也很早。公元3世纪我国使节出使扶南国，当时扶南已有"书记府库，文字有类胡"，说明此时已使用从印度传去的文字。柬埔寨是中南半岛上最早印度化的国家，其历法也使用印度历，有闰月和闰日，月分黑白，月名同与印度历，但也有明显的中国历特点，如六十周期，以十二生肖和十相配，日分昼夜，夜分四更。

柬埔寨北面有老挝，亦称寮，上寮同中国接壤，东面是行用汉历的越南，下寮南面是用印度历之柬埔寨，故老挝历法也受到中国和印度历之影响。

徐光启

徐光启（公元1562—1633年），上海县法华汇今上海徐家汇人，字子先，万历进士，明末崇祯朝礼部尚书，文渊阁大学士。青年时期起就注意实用科学知识，如农桑水利等。1600年在南京结识耶稣会传教士利玛窦，对欧洲科学知识十分感兴趣，遂同利玛窦合译欧几里德《几何原本》前6卷，又译《测量法义》《简平仪说》《泰西水法》等书，首次向中国介绍西方天文、历法、数学、测量、水利等科学知识，编著有《农政全书》。崇祯二年领导了中国历法史上最重要的一次改历运动，最后编成《崇祯历书》137卷，这是中国古典天文学体系向近代转变的开端。此外，还编有《农政全书》60卷。

徐光启领导的改历运动最关键的一点是参用西法，"取彼方之材质，入大统之型模"，即按中国历法的框架，以西方天文学原理编撰一本中西合璧的历书。这在中国历法史上是第一次。当时聘用了邓玉函、罗雅谷、汤若望等传教士参加工作,主要是翻译托勒玫、哥白尼、第谷、开普勒等人的天文学著作,以及有关的数学知识、天文仪器、恒星表等,向中国介绍了许多欧洲的天文学知识。当然,由于当时的社会历史条件,又由于耶稣会的性质,这中间出现了许多曲折。但是这一项改历运动在中国天文学乃至整个中国科学发展史上的意义,远比其本身在学术上的价值更大。

从徐光启开始,中国在科学上闭关自守的局面有了改变,中国学者之中对外来学术一概不屑一顾、妄自尊大的思想受到了冲击。清初在考据之风盛行之际,也出

徐光启像

现了一股中西学术汇通的研究热潮,在一向重视儒学、修身养性的中国学术界出现了研究自然科学和技术的一股力量,连康熙皇帝也对天文数学等科学问题产生了兴趣,曾一度出现了编纂科学书籍《律历渊源》100卷的举动。这一切,当然同世界政治经济形势的发展有内在联系,也同中国国内形势的变化有关。然而,作为一个倡导者,由徐光启而开始的中西学术合流对我国科学向近代的转变产生了决定性影响。几百年来,每逢徐光启诞生和逝世整周年纪念的年份都会举行不同规模的学术纪念活动是不无道理的。

知识链接

四 象

　　"四象"一词最先出自《易·系辞》,"太极生两仪,两仪生四象",四象即太阳、太阴、少阴、少阳。但古代天文学中"四象"与《易》中的概念完全不同。

它指二十八个星宿中东南西北各有七宿,每个七宿联系起来很像一种动物,合起来有四象。例如,东方有角、亢、氐、房、心、尾、箕七宿,角像龙角,氐、房龙身,尾像龙尾,把它们连起来像一条腾空飞跃的龙,因此古人称东方为"青龙";南方的井、鬼、柳、星、张、翼、轸七宿连起来像一只展翅飞翔的鸟,柳为鸟嘴,星为鸟颈,张为嗉,翼为羽,因此先人称南方为"朱雀";而北方的斗、牛、女、虚、危、室、壁七宿,像一只缓缓而行的龟,因位于北方称为"玄",因其身上有鳞甲,故称为"武",合起来称为"玄武";西方有奎、娄、胃、昴、毕、觜、参七宿,像一只跃步上前的老虎,称为"白虎"。这四种动物的形象,称为"四象",又称"四灵",分别代表东南西北四个方向。

古人观测星象与今天有所不同,他们并不侧重于观测单颗星,而是更注重整体上由某些星组成的象,这些星最终被连接起来,形成各种常见的图案。因而天文最初的含义就是天象。所以,四象虽然表面上是四组动物的形象,其实只是由众多星象构成的图像而已。

1. 青龙

青龙原为古老神话中的东方之神,道教东方七宿星君、四象之一,为二十八宿中的东方七宿,其形像龙,位于东方,属木,色青,总称青龙,又名苍龙。《太上黄箓斋仪》卷四十四称其为"青龙东斗星君":"角宿天门星君,亢宿庭庭星君,氐宿天府星君,房宿天驷星君,心宿天王星君,尾宿天鸡星君,箕宿天律星君。"《道门通教必用集》卷七记载了它的形象:"东方青龙,角亢之精,吐云郁气,喊雷发声,飞翔八极,周游四冥,来立吾左。"

2. 朱雀

朱雀是古老神话中的南方之神,道教南方七宿星君、四象之一,为二十八宿的南方七宿,其形像鸟,属火,色赤,总称朱雀,又叫作"朱鸟"。《太上黄箓斋仪》称"南方朱雀星君"为:"井宿天井星君,鬼宿天匮星君,柳宿天厨星君,星宿天库星君,张宿天秤星君,翼宿天都星君,轸宿天街星君。"它的形象是:"南方朱雀,从禽之长,丹穴化生,碧雷流响,奇彩五色,神仪六象,来导吾前。"

3. 玄武

玄武是古代神话中的北方之神,道教北方七宿星君、四象之一,为二十八宿的北方七宿,其形像龟,也有人认为是龟蛇合体,属水,色玄,总称"玄武"。《太上黄箓斋仪》中的记载是:"斗宿天庙星君,牛宿天机星君,女宿天女星君,虚宿天卿星君,危宿天钱星君,室宿天廪星君,壁宿天市星君。"它的形象是:

"北方玄武,太阴化生,虚危表质,龟蛇合形,盘游九地,统摄万灵,来从吾右。"

4. 白虎

白虎是古老神话中的西方之神,道教西方七宿星君、四象之一,为二十八宿的西方七宿,其形像虎,位于西方,属金,色白,总称白虎。《太上黄箓斋仪》卷四十四称为"白虎西斗星君":"奎宿天将星君,娄宿天狱星君,胃宿天仓星君,昴宿天目星君,毕宿天耳星君,觜宿天屏星君,参宿天水星君。"《道门通教必用集》卷七描述其形象为:"西方白虎,上应觜宿,英英素质,肃肃清音,威摄禽兽,啸动山林,来立吾右。"

后来,在中国古代神话中,四象逐渐开始演变。在民间故事中,青龙和白虎降生为人间大将,但是二者世世代代都是仇敌,而且是白虎克青龙,最终都演变成了道观门神。在神话中,朱雀几乎消失了,只有玄武发展成了神话中的九天大神。

图片授权

全景网

壹图网

中华图片库

林静文化摄影部

敬 启

本书图片的编选,参阅了一些网站和公共图库。由于联系上的困难,我们与部分入选图片的作者未能取得联系,谨致深深的歉意。敬请图片原作者见到本书后,及时与我们联系,以便我们按国家有关规定支付稿酬并赠送样书。

联系邮箱:932389463@qq.com

参考书目

1. 冯时．中国史话:天文学史话［M］．北京:社会科学文献出版社,2011.

2. 邓文宽．敦煌天文历法考索［M］．上海:上海古籍出版社,2010.

3. 陈久金,杨怡．中国读本——中国古代天文与历法［M］．北京:中国国际广播出版社,2010.

4. 刘操南．古代天文历法释证［M］．杭州:浙江大学出版社,2009.

5. 刘韶军．神秘的星象［M］．南宁:广西人民出版社,2009.

6. 卢央．中国古代星占学［M］．北京:中国科学技术出版社,2008.

7. 陈久金．中国古代天文学家［M］．北京:中国科学技术出版社,2008.

8. 张培瑜．中国天文学史大系——中国古代历法［M］．北京:中国古代天文学家．中国科学技术出版社,2008.

9. 张闻玉．古代天文历法讲座［M］．南宁:广西师范大学出版社,2008.

10. 易谋远．彝族古宇宙论与历法研究［M］．北京:科学出版社,2006.

11. 冯时．中国古代的天文与人文［M］．北京:中国社会科学出版社,2006.

12. 李芝萍,贾焕阁．天文·时间·历法［M］．北京:气象出版社,2003.

13. 刘洪涛．古代历法计算法［M］．天津:南开大学出版社,2003.

14. 季羡林．人类历史的时间表:历法［M］．北京:北京科学技术出版社,1998.

中国传统民俗文化丛书

一、古代人物系列（9 本）
1. 中国古代乞丐
2. 中国古代道士
3. 中国古代名帝
4. 中国古代名将
5. 中国古代名相
6. 中国古代文人
7. 中国古代高僧
8. 中国古代太监
9. 中国古代侠士

二、古代民俗系列（8 本）
1. 中国古代民俗
2. 中国古代玩具
3. 中国古代服饰
4. 中国古代丧葬
5. 中国古代节日
6. 中国古代面具
7. 中国古代祭祀
8. 中国古代剪纸

三、古代收藏系列（16 本）
1. 中国古代金银器
2. 中国古代漆器
3. 中国古代藏书
4. 中国古代石雕

5. 中国古代雕刻
6. 中国古代书法
7. 中国古代木雕
8. 中国古代玉器
9. 中国古代青铜器
10. 中国古代瓷器
11. 中国古代钱币
12. 中国古代酒具
13. 中国古代家具
14. 中国古代陶器
15. 中国古代年画
16. 中国古代砖雕

四、古代建筑系列（12 本）
1. 中国古代建筑
2. 中国古代城墙
3. 中国古代陵墓
4. 中国古代砖瓦
5. 中国古代桥梁
6. 中国古塔
7. 中国古镇
8. 中国古代楼阁
9. 中国古都
10. 中国古代长城
11. 中国古代宫殿
12. 中国古代寺庙

五、古代科学技术系列（14 本）

1. 中国古代科技
2. 中国古代农业
3. 中国古代水利
4. 中国古代医学
5. 中国古代版画
6. 中国古代养殖
7. 中国古代船舶
8. 中国古代兵器
9. 中国古代纺织与印染
10. 中国古代农具
11. 中国古代园艺
12. 中国古代天文历法
13. 中国古代印刷
14. 中国古代地理

六、古代政治经济制度系列（13 本）

1. 中国古代经济
2. 中国古代科举
3. 中国古代邮驿
4. 中国古代赋税
5. 中国古代关隘
6. 中国古代交通
7. 中国古代商号
8. 中国古代官制
9. 中国古代航海
10. 中国古代贸易
11. 中国古代军队
12. 中国古代法律
13. 中国古代战争

七、古代文化系列（17 本）

1. 中国古代婚姻
2. 中国古代武术
3. 中国古代城市
4. 中国古代教育
5. 中国古代家训
6. 中国古代书院
7. 中国古代典籍
8. 中国古代石窟
9. 中国古代战场
10. 中国古代礼仪
11. 中国古村落
12. 中国古代体育
13. 中国古代姓氏
14. 中国古代文房四宝
15. 中国古代饮食
16. 中国古代娱乐
17. 中国古代兵书

八、古代艺术系列（11 本）

1. 中国古代艺术
2. 中国古代戏曲
3. 中国古代绘画
4. 中国古代音乐
5. 中国古代文学
6. 中国古代乐器
7. 中国古代刺绣
8. 中国古代碑刻
9. 中国古代舞蹈
10. 中国古代篆刻
11. 中国古代杂技